多种指纹图谱技术在蜂产品溯源中的应用

陈兰珍　著

科学出版社

北　京

内 容 简 介

本书共分为7章，第一章为绪论，主要介绍蜂产品的概况，以及指纹图谱分析技术在农产品和食品溯源中的应用研究进展。第二章至第七章分别阐述了近红外光谱指纹分析技术、中红外光谱指纹分析技术、拉曼光谱指纹分析技术、核磁共振波谱技术、稳定同位素指纹分析技术、矿物元素指纹分析技术在蜂产品溯源中的应用，具体包括各个指纹图谱分析技术的基本原理、仪器简介、应用进展，以及鉴别蜂蜜或蜂胶品种的应用实例。书中应用实例融入了作者多年的科研成果，通过阐述蜂产品不同指纹信息的变化机制、数据处理方法、实验技巧及研究结果，为蜂产品品种溯源技术体系的建立和完善提供理论及技术支撑。

本书可作为仪器分析、食品质量安全等相关领域的科技人员、本科生及研究生的参考书。

图书在版编目（CIP）数据

多种指纹图谱技术在蜂产品溯源中的应用/陈兰珍著．—北京：科学出版社，2017.6

ISBN 978-7-03-053427-9

Ⅰ．①多…　Ⅱ．①陈…　Ⅲ．①蜂产品－品种鉴定－图谱　Ⅳ．①S896.8-64

中国版本图书馆 CIP 数据核字（2017）第 133675 号

责任编辑：王玉时　文　茜 / 责任校对：郑金红

责任印制：吴兆东 / 封面设计：迷底书装

科学出版社 出版

北京东黄城根北街 16 号

邮政编码：100717

http://www.sciencep.com

北京教图印刷有限公司 印刷

科学出版社发行　各地新华书店经销

*

2017 年 6 月第　一　版　开本：B5（720×1000）

2019 年 1 月第二次印刷　印张：6 1/4

字数：150 000

定价：39.80 元

前　言

养蜂业属于我国传统农业，也是现代农业的重要组成部分，在维护生态平衡、提高农产品质量、改善农产品品质、促进农民增收等方面发挥重要作用。蜜蜂为农作物授粉的同时，附加产出高营养价值的纯天然蜂产品。蜂产品，顾名思义，是来源于蜜蜂的产品，主要包括蜂蜜、蜂王浆、蜂花粉、蜂胶、蜂蜡、蜂毒、蜜蜂幼虫等。蜂产品富含多种生物活性物质，极具药用价值和保健功效，不仅是蜂群的主要食物来源，也是维护人类健康的重要物质之一。因此，蜂产品的质量与来源关乎我国养蜂业的稳定、健康发展，对于提高蜂业的生态效益和经济效益具有重要意义。

我国是世界养蜂大国，蜂群数量、蜂产品产量、蜂产品出口量、蜂产品消费量、养蜂业从业人数均居世界前列。然而，目前我国蜂产品质量存在良莠不齐、造假掺假现象，严重削弱了消费者的消费信心，影响蜂业健康持续发展。造成这一现象的原因很多，其中主要原因包括蜂产品价格相对较高、产量难以满足市场需求，且种类繁多、成分复杂，尤其是品种、产地及真实性来源不清，而现有鉴别方法和标准不足，鉴别技术难度大。因此，很有必要结合多种有效溯源技术来系统、客观地评价蜂产品品种和产地来源。

近年来，在农产品和食品品种、产地及真伪溯源研究方面，指纹图谱分析技术被广泛应用并取得较好鉴别效果。常用的指纹图谱分析技术有色谱（GC、HPLC）、光谱（UV、IR、NIR、NMR）、质谱（MS、IRMS、ICP-MS）等，样品通过这些分析手段得到能指示样品唯一性的谱图或特征性数据，表征样品的特征属性，像人的指纹一样具有专一性和代表性，以达到有效鉴别来源的目的。指纹图谱分析技术涉及光学、信息处理等多种学科领域，通过结合化学计量学方法建立识别模型，最终实现样品有效分类及未知样品类别预测，在水果、茶叶、酒类、食用油、肉类、中药等领域应用较多。指纹图谱分析技术以快速、准确、灵敏等优点成为农产品、食品、药品溯源技术研究的热点和未来发展趋势。

目前，尚无相关书籍能够系统、全面地介绍多种指纹图谱分析技术在蜂产品溯源中的应用。本书主要以作者近年来采用的近红外光谱、中红外光谱、拉曼光谱、核磁共振波谱、稳定同位素、矿物元素等指纹分析技术为主线，不仅分别介绍了这 6 种指纹图谱分析技术的技术原理及特点、应用进展，并以蜂蜜、蜂胶为例，融入作者多年科研成果，重点阐述了这 6 种不同指纹图谱分析技术在鉴别不同品种或不同来源蜂蜜及蜂胶样品中的前处理方法、仪器分析条件、数据处理手段，以及基于化学计量学方法构建的识别模型优化等方法技巧和研究思路，为实现蜂产品品种及产地有效溯源提供技术参考和研究思路，以期为今后的相关研究提供借鉴。

本书是在科技部国际科技合作专项（2012DFA31140-5）、公益性行业科研专项（201203046-4）、国际原子能机构（IAEA）项目（CRP 16567）等科研项目的支持下完成的。在项目研究过程中，我的导师叶志华研究员给予了大力支持与帮助，我指导的硕士研究生杨娟、吴招斌分别协助完成了样品测试和数据处理工作。清华大学林光辉教授、北京工商大学刘翠玲教授和孙晓荣副教授等专家参与了部分实验设计与指导工作，中国农业科学院农业质量标准与检测技术研究所、中国农业科学院蜜蜂研究所及其挂靠单位农业部蜂产品质量监督检验测试中心（北京）和农业部蜂产品质量安全风险评估实验室（北京）的领导、老师、同事们对研究内容提出了许多建设性意见，尽管这里没有一一列出姓名，但他们对该研究的帮助我始终铭记于心。另外，在本书撰写过程中，我的同事李熠研究员给予了鼓励与支持，我指导的硕士研究生佘僧、宋晓莹帮助查阅了大量参考文献。在此一并表示衷心的感谢！希望本书对从事农产品和食品品种、产地及真伪溯源研究的科技工作者有一定的参考意义。

由于作者水平有限，书中难免存在错误和不足，恳请读者不吝指正。

陈兰珍

中国农业科学院蜜蜂研究所

2017 年 5 月于北京

目 录

第一章　绪　　论

第一节　蜂产品概述

一、蜂产品的定义、分类及功效

蜂产品又称蜜蜂产品，指蜜蜂在生殖繁衍过程中形成的有用物质，主要包括蜂蜜、蜂花粉、蜂胶、蜂王浆、蜂毒、蜂蜡、蜜蜂幼虫、雄蜂蛹等，自古以来就是我国传统中医和食疗的重要组成部分。其中蜂蜜、蜂花粉、蜂胶属于蜜蜂采集物，蜂王浆、蜂毒、蜂蜡属于蜜蜂分泌物，蜜蜂幼虫、雄蜂蛹属于蜜蜂生殖繁衍物。除蜂蜡和蜂毒主要用于化工和医药原料外，蜂蜜、蜂王浆、蜂花粉、蜂胶、蜂幼虫、雄蜂蛹等均可直接或间接食用。蜂蜜、蜂花粉、蜂王浆可以直接食用，蜂胶需进一步加工处理成胶囊或片剂食用。

由于我国市场上常见的用于食品和保健品的蜂产品主要有蜂蜜、蜂王浆、蜂花粉、蜂胶，因此本章节主要围绕这四大类蜂产品进行阐述。

（一）蜂蜜

蜂蜜是蜜蜂采集植物的花蜜、分泌物或蜜露，带回巢房与自身分泌物混合后，经充分酿造而成的天然甜物质（CAC，2001）。经研究表明，蜂蜜中含有至少200种物质，除了富含糖类物质，还包括水分和其他营养物质，如氨基酸、维生素、矿物元素、活性酶、花粉、多酚类、酚酸等。其中糖类物质包括果糖、葡萄糖、低聚糖、寡糖等，占蜂蜜成分的65%～80%。氨基酸包括人体不能自身合成的 8 种必需氨基酸，含量约占0.3%。维生素包括维生素 B_1、维生素 B_2、维生素 B_6。矿物元素包括铁、钾、钠、钙、铜、锰、镁等。挥发性物质包括黄酮类、酚酸类等（Baroni et al.，2006）。不同地理来源和植物来源的蜂蜜组分含量和感官状态不同。

蜜蜂酿造蜂蜜的原料主要来源于植物开花时由蜜腺分泌的花蜜，然而有的植物蜜腺不发达不能产生花蜜。因此，我们把具有蜜腺且能分泌花蜜并被蜜蜂采集酿造成蜂蜜的植物称为蜜源植物。我国国土辽阔、气候适宜、蜜源植物丰富，能被蜜蜂利用的蜜源植物有5000多种。根据泌蜜量的多少和利用程度的高低，可将蜜源植物分为主要蜜源植物和辅助蜜源植物。主要蜜源植物是指数量多、分布广、花期长、分泌花蜜量多、蜜蜂爱采集、能作为大量商品蜜来源的植物。例如，粮食作物中的荞麦；油料作物中的油菜、向日葵、芝麻；豆科牧草和绿肥中的紫花苜蓿、草木犀、紫云英、苕子；果树中的柑橘、枣、荔枝、龙眼、枇杷；树木中的刺槐、椴树、乌桕、桉树和荆条、野坝子等灌木；野草中的老瓜头、水苏等。

辅助蜜源植物是指具有一定数量，能够分泌花蜜、产生花粉，能被蜜蜂采集利用，供蜜蜂本身维持生活和繁殖之用的植物。例如，苹果、山楂等各种果树，以及瓜类、蔬菜、花卉等（徐万林，1983）。在外界蜜源缺乏时，蜜蜂也采集蜜露或甘露来酿造蜂蜜。甘露是半翅目昆虫吸食植物叶片、枝条等组织分泌的汁液，经消化吸收之后排泄在植物表面的一种含有较多糖分的物质。蜜蜂采集甘露形成的甘露蜜是一种较特殊的蜂蜜。主要在欧洲一些国家生产。我国蜂农以追花放蜂方式生产蜂蜜，甘露蜜很少。

蜂蜜种类很多，目前较常见的分类方法是按照蜜源植物分类。蜜蜂只采集一种蜜源植物的花蜜酿造而成的蜂蜜，通常以蜜源植物的名称来命名，如洋槐蜜、油菜蜜、枣花蜜、椴树蜜、柑橘蜜、荔枝蜜、龙眼蜜、枇杷蜜、桉树蜜、白刺花蜜、草木樨蜜、鹅掌柴蜜（鸭脚木蜂蜜）、胡枝子蜜、老瓜头蜜、野桂花蜜、荞麦蜜、乌桕蜜、向日葵蜜（葵花蜂蜜）、野坝子蜜、苕子蜜、芝麻蜜、紫花木樨蜜、紫云英蜜等。由蜜蜂采集两种或两种以上蜜源植物的花蜜或分泌物酿造的蜂蜜，也就是说主要蜜源是多种植物的称为杂花蜜或百花蜜（吴杰，2012）。在我国，花期持续时间比较长的单花蜜有油菜蜜、椴树蜜、枣花蜜、荆条蜜、龙眼蜜、荔枝蜜等。由于气候环境对植物的生长和花期有较大影响，有些蜂蜜品种的产量并不是很稳定，如洋槐蜜、紫云英蜜、党参蜜、柑橘蜜等。我国还有一些特有蜂蜜品种，产量较低而且品种稀少，如益母草蜜、野菊花蜜、五味子蜜、枸杞蜜等。

每一种单花蜂蜜的色泽、气味、滋味、状态等感官特征与蜜源植物有关。在色泽方面，由水白色（几乎无色）、白色、特浅琥珀色、浅琥珀色、琥珀色至深色（暗褐色）。例如，洋槐蜜呈水白色，枣花蜜呈琥珀色。在气味方面，单花种蜂蜜具有该种蜜源植物的花的气味，没有酸或酒的挥发性气味和其他异味。例如，洋槐蜜具有槐花的清香味，荔枝蜜具有荔枝香味。在滋味方面，蜂蜜具有甜、甜润或甜腻，少数品种有微苦、涩等刺激味道。在状态方面，常温下蜂蜜呈黏稠流体状，或部分及全部结晶，如油菜蜜、椴树蜜容易结晶成白色。我国主要蜂蜜品种的分布区域及其感官特征如表 1.1 所示。

表 1.1 我国主要蜂蜜品种分布及特征

蜂蜜品种	主要分布区域	感官特征
油菜蜜	南方各省（直辖市）分布较广，如云南、贵州、四川、重庆、湖南、湖北、江西、浙江、安徽、江苏等，以及河南、青海等北方省份	特浅琥珀色，具有油菜花香味，极易结晶，结晶细腻呈乳白色
紫云英蜜	江苏、浙江、安徽、江西、广东、湖南等省	淡白微显青色，有清香气味，不易结晶
苕子蜜	南方和长江流域各省的水稻产区	色泽淡白微显青色，有清香气，结晶较慢
柑橘蜜	福建、广东、广西、四川、浙江、湖北、湖南等南方区域	浅琥珀色，具有柑橘味，微有酸甜，结晶粒细，呈油脂状

续表

蜂蜜品种	主要分布区域	感官特征
荔枝蜜	主要分布在华南地区，以福建、广东、广西居多	特浅琥珀色，具有荔枝香味，稍有刺喉的感觉，结晶粒细腻
龙眼蜜	海南、广西、台湾、福建、广东等省（自治区）	琥珀色，具有龙眼花香味，不易结晶
洋槐蜜	山东、河南、河北、安徽、陕西、甘肃、山西、辽宁南部等地	水白色，具有槐花的清香气味，不易结晶
枣花蜜	河南、山东、河北、陕西、山西、宁夏等省（自治区）	琥珀色，具有浓郁的枣花香味，不易结晶
荆条蜜	主要分布在华北、东北南部山区	浅琥珀色，具有草香味，易结晶，结晶粒细腻
椴树蜜	东北长白山和兴安岭林区	特浅琥珀色，具有薄荷的清香味，易结晶，结晶粒细腻呈油脂状
向日葵蜜	东北三省、内蒙古等地区	浅琥珀色，具有向日葵花香味，易结晶，结晶粒细，色淡黄
荞麦蜜	主要分布在我国东北、华北和西北等地区	深琥珀色，具有浓郁的荞麦花香味，味道特殊，结晶粒粗

蜂蜜是一种营养丰富、药食同源的纯天然传统食品，自古以来深受广大消费者的青睐。人类食用蜂蜜历史悠久，汉朝的《神农本草经》和明代的《本草纲目》中均有记载。蜂蜜味甘性平，归肺、脾、大肠经，具补中、润燥、止痛、解毒功效。用于脘腹虚痛、肺燥干咳、肠燥便秘；可解乌头药类毒；外治疮疡不敛、水火烫伤等。临床实践及现代药理研究证明，蜂蜜具有抗氧化、抗菌消炎、解毒、保护创面、促进细胞再生和渗液吸收等功能与所含营养组分和活性物质有关（曹炜等，2002；Meda et al.，2005；Escuredo et al.，2012）。蜂蜜中所含有的糖类物质（果糖和葡萄糖）不需要机体进行分解就可以直接被吸收利用，帮助促进消化、润肠通便（Chatterjee et al.，1978）；蜂蜜通过提高血液中血红素的含量，可以增强心肌活力，对心脏病有较好的预防作用（Yaghoobi et al.，2008）；蜂蜜中少量的矿质元素（铜、铁、镁等）也是机体活动不可或缺的成分，如铁离子是血红蛋白的重要组成部分，能有效地防止贫血，铜离子对电子的传递有着不可替代的作用，深色蜂蜜中的含量较浅色蜂蜜中的含量高（Murat et al.，2007）。蜂蜜的高渗作用以及含有许多抗细菌生长的酶，如溶菌酶和葡萄糖抗氧化酶等，使蜂蜜的综合抗菌效果有较大提升。例如，蜂蜜对化脓性金黄色葡萄球菌、乙型溶血性链球菌、绿脓杆菌、部分大肠杆菌都有明显的抑制效果。蜂蜜不仅可以内服，还可以外用，对一些皮肤疾病有显著的疗效。蜂蜜中有机酸和各种氧化酶的生物活性是蜂蜜消炎杀菌、促进组织再生、治疗创面必需的物质基础。将蜂蜜涂抹于烫伤部位，可以有效减轻疼痛、减少渗出液，以及预防伤口感染。将蜂蜜涂抹于蚊虫叮咬处，可以杀菌消肿。除此之外，蜂蜜还有很好的美容功效，可以去皱、保湿，是真正意

义上的天然护肤品（Fahey et al.，2002；Kilicoglu et al.，2006）。

（二）蜂胶

蜂胶（propolis）是蜜蜂从植物的芽孢、树皮、腋芽等处采集的树脂，并混入花粉、蜂蜡和自身分泌物等物质而得到的一种具有特殊芳香气味的黏性固体胶状物（Ghisalberti，1979）。在蜂箱里，蜜蜂是利用蜂胶填补和阻塞蜂箱间框梁的缝隙，维持蜂群内的适宜温度，并利用蜂胶抑制有害微生物的生长繁殖，防止蜂蜜和花粉等产品的腐败变质和蜂群疾病的发生（Marcucci，1995）。

蜂胶是一种成分复杂的纯天然产物，不同地区、不同植物来源、不同生产季节所产蜂胶颜色和化学成分存在很大差异（Bankova et al.，2015）。目前，蜂胶已经鉴定出来的物质有 400 多种，大约含 55%树脂和树香、30%蜂蜡、10%芳香挥发油和 5%花粉及杂物等。主要成分有黄酮类化合物、酚酸及其酯类化合物、萜烯类物质、芳香类物质、脂肪酸和类固醇类物质等。其中黄酮类化合物有 136 种，酚酸类化合物 132 种和萜烯类化合物 190 种（Greenaway et al.，2015）。蜂胶颜色呈现暗绿、褐色、灰绿、棕黄或黑褐等颜色，少数色深者与黑色相似。蜂胶具有低温硬脆、高温变黏的质地特异性，不溶于水，部分溶于乙醇等有机溶剂。一般不建议直接食用蜂胶原料（毛胶），需要经过提纯、净化、除杂后使用。

不同地区由于纬度、气候等差异，植物的品种也呈现多样化。蜂胶化学成分与其胶源植物有着显著关系（Kumazawa et al.，2004），因此蜂胶的命名也主要以其胶源植物为主。目前已发现的蜂胶主要可以分为 5 种类型： 杨树属型、酒神菊属型、克鲁西属型、血桐属型和地中海东部地区型等。早在 1980 年，Popravko 等鉴别出温带地区蜂胶植物源以黑杨为主的杨树属及其杂交品种，其特征性化学成分是 B 环无取代基的类黄酮以及苯丙酸及其酯类，如松属素、短叶松素、高良姜素、柯因和咖啡酸苯乙酯（Hegazi et al.，2001）。酒神菊属型蜂胶，以巴西东南部分布较多，俗称巴西绿蜂胶，主要成分为异戊烯苯丙类，如阿替匹林 C 和咖啡酰奎尼酸。俄罗斯高海拔地区，横跨亚欧大陆，适合桦树生长，以桦树型蜂胶为主。古巴、巴西、墨西哥的红蜂胶胶源植物是黄檀属植物。希腊和意大利的蜂胶属于地中海型，胶源植物是柏科植物，二萜烯类化合物含量丰富（Milena et al.，2010）。太平洋区域的蜂胶则来自于血桐属（*Macaranga*）植物。

我国地处温带，气候类型多变，植物种类较多，蜂胶植物来源多样。目前一般认为，中国蜂胶的植物来源是杨树属植物，也有研究者提出松树、柳树、桦树等植物也可能是蜂胶来源（延莎等，2012；王雪等，2015）。中国台湾蜂胶植物来源是血桐属植物，蜂胶特征性成分是香叶基黄酮类 （Chen et al.，2008）。然而，目前缺少对中国蜂胶胶源植物的系统研究，采自不同地域的蜂胶是采自单一植物还是多种植物，是否存在差异，尚无定论。

人们使用蜂胶已有数千年之久，古代已有关于蜂胶的记述。古埃及人利用蜂胶的防腐性质制作木乃伊，希腊人和罗马的外科医生用蜂胶促进伤口愈合和口腔消毒，南美的印第安人将蜂胶作为一种退热剂。17 世纪的《伦敦药典》中已将蜂胶列为正式药物。我国 2005 年版的《中国药典》已将蜂胶收录。现代研究结果表明，蜂胶具有抗菌消炎、抗病毒、抗肿瘤、抗氧化、调节血脂血糖、促进组织再生等生物学和药理作用，受到了医学界的广泛重视和深入研究。蜂胶中的多酚类物质对自由基的活性有抑制作用，可缓解糖尿病、心脑血管病等疾病发生（Kumazawa et al.，2004；Farooqui et al.，2010；Wu et al.，2007）；蜂胶中咖啡酸苯乙酯和阿替匹林 C 可以抑制瘤细胞 DNA 合成，与诱导肿瘤细胞凋亡有关，具有抗肿瘤活性。蜂胶中的酚酸类物质能有效抑制 RNA 聚合酶的活性，阻止细菌、真菌、病毒的生长繁殖 （Basim et al.，2006，Rahman et al.，2010；Takaisi-Kikuni et al.，2007）；蜂胶被用于治疗口腔和皮肤疾病，对创伤、烧伤、糖尿病也具有一定的疗效。蜂胶还可以用于食品保鲜，对某些病毒、真菌和细菌有较好的抑制作用，是一种天然无害的保鲜剂。

（三）蜂花粉

蜂花粉（bee pollen）是蜜蜂采集植物花粉后，加入自身的唾液和花蜜，混合成的颗粒状物质。蜂花粉和蜂蜜混合，是蜜蜂的主要食物。蜂花粉富含蛋白质、氨基酸、碳水化合物、维生素、脂类等多种营养成分，以及酶、辅酶、多酚类和黄酮类物质、多糖、微量元素等生物活性物质，具有“微型营养库”之美誉。

我国幅员辽阔的地理优势提供了丰富的花粉资源。粉源植物是指能产生较多花粉，且花粉能被蜜蜂采集利用的植物。蜜粉源植物是指既有花蜜又有花粉供蜜蜂采集的植物。蜜粉源植物是蜜蜂食物的主要来源之一，是发展养蜂生产的物质基础。据初步调查，我国已知的蜜源植物中有大部分植物属于粉源植物。蜜蜂有蜜源植物开花期优势吸引其专访的特点，如油菜蜜期间，相对集中采集油菜花粉。因此，根据蜜粉源植物开花情况命名，我国主要蜂花粉有油菜蜂花粉、茶花蜂花粉、荞麦蜂花粉、向日葵蜂花粉、玉米蜂花粉等。不同植物来源的蜂花粉，其营养价值和化学成分、含量也略有差异。

现代研究表明，蜂花粉具有提高机体的免疫功能、调节人体新陈代谢、抗氧化、抗疲劳、抗辐射、降血脂、保护肝脏、治疗前列腺增生以及抗衰老等功效。

（四）蜂王浆

蜂王浆（royal jelly）又名蜂皇浆、王浆、蜂乳、王乳，是由 5～15 日龄工蜂头部舌腺（咽下腺）和上颚腺共同分泌的一种乳白或浅黄色，有酸涩、辛辣味，微甜并具有特殊香气的浆状物，是用于饲喂蜂王及幼虫的食物。蜂王成虫终生吃蜂王浆，寿命一般为 3～4 年，最长可达 8 年，而没吃蜂王浆的工蜂成虫的寿命在生产季节仅能活 50 天左右，即使在半冬眠状态的越冬季节，最多也只能存活 11

个月左右。蜂王浆采自蜂群中的王台，且由哺育蜂所分泌，而哺育蜂食用酿制的蜂蜜和经发酵的花粉，从中摄取营养和能量合成蜂王浆。因此，合成蜂王浆的原料物质来源于花粉和蜂蜜。

蜂王浆化学组分十分复杂，富含蛋白质、糖类、脂类、多种维生素、氨基酸和活性物质王浆酸等物质。不同蜂种、蜜源、产地、季节、气候、蜂群群势、哺育蜂年龄和采浆时间等因素都会影响蜂王浆的感官特征和化学组分含量。一般而言，蜂王浆中水分含量为62.5%～70%，干物质占30%～37.5%。干物质中含有蛋白质 36%～55%，糖类 20%～30%，脂肪酸 7.5%～15%，矿物质 0.9%～3%，维生素 1%，此外含有有机酸、酶、激素及其他未知活性成分。

目前已确定的蜂王浆蛋白有10多种，其中2/3是清蛋白，1/3是球蛋白，与人体血液中清蛋白与球蛋白比例大致相同。蜂王浆中含有20多种氨基酸，约占王浆干物质的0.8%，其中包括人体所必需的8种氨基酸，蜂王浆中脯氨酸、赖氨酸、谷氨酸、精氨酸含量最高。蜂王浆中含量最高的两种糖是果糖和葡萄糖，其中果糖占干物质的52%，葡萄糖占45%，此外含有少量的蔗糖、麦芽糖和龙胆二糖。蜂王浆中含有26种以上的脂肪酸，其中最主要的是10-羟基-2-癸烯酸（俗称王浆酸，简称10-HDA），约占脂肪酸重的50%，王浆酸是蜂王浆特有的天然不饱和脂肪酸，是鉴定蜂王浆质量的重要指标。蜂王浆中含有多种维生素，其中B族维生素含量最高。蜂王浆含有多种矿物元素，包括钾、钠、镁、钙、磷常量元素和锌、硒、铜、铁微量元素，此外含有有机酸、酶类及其他未知活性成分。

蜂王浆的分类有多种方式，最常见的分类方式是按照蜜粉源植物种类划分。习惯上，将在自然环境中处于某种或某几种蜜粉源花期的、从蜂群中采集的蜂王浆，以蜜粉源植物命名，如油菜浆、洋槐浆、椴树浆、荆条浆。按照王浆采集的季节分，有春浆、夏浆、秋浆。按照产浆的蜂种分，有中蜂浆和西蜂浆。

根据文献记载，蜂王浆作为珍贵的保健食品已经有几百年的食用历史，其记载遍布世界各国，至今仍是全世界最受欢迎的天然保健品之一。国内外多年科研和医学临床实践证明，蜂王浆能激发免疫细胞的活力，调节和增强机体免疫功能，具有延缓衰老、抗菌消炎、抗氧化等多种生物学功能。同时，蜂王浆的抗氧化、抗菌、抗过敏、吸湿和保湿等方面的功效使得蜂王浆成为多种化妆品的原料，不仅可以营养肌肤，为肌肤提供足够的营养，而且可使皮肤更加洁白、细腻、光泽、富有弹性，减少皱纹和黄褐斑。

二、蜂产品产业及质量安全现状

我国是世界养蜂大国，蜂群数量、蜂产品产量和出口量、养蜂从业人员均居世界前列。据不完全统计，目前全国蜂群已达800多万群，占世界蜂群数的1/8，居世界首位。我国蜂蜜年均加工量约40万t，约占世界蜂蜜总产量的20%，约30%出口到欧洲、美国、日本等发达国家和地区，但蜂蜜的出口价格低于其他国家。

蜂胶是近几年最畅销的蜂产品之一，国内和国际市场对优质蜂胶的需求很大，每年国内蜂胶原料产量约 350t。我国对蜂王浆的开发和利用始于 20 世纪 50 年代末，60 年代已有批量生产，70 年代以来发展迅速，目前蜂王浆年产约 3500t，出口量增加，主要销往日本、欧洲、美国和东南亚等国家和地区。蜂王浆及其王浆冻干粉内销市场比较平稳，自产自销逐年扩大。蜂花粉近年来产量和出口量有所下降，年产量约 5000t。另外，还有数量不定的蜂蜡、蜂毒、蜂蛹、蜜蜂幼虫等产品。蜂毒产品目前尚处于研发阶段，市场化较少。我国蜂蜡产品主要用于出口，目前虽产量较低，市场化功能较弱，仅限于研究或自产自销，但潜在的开发能力较大，前景乐观。

随着社会经济的发展和人们生活水平的提高，蜂产品和其他食用农产品一样，其质量安全备受政府、公众的关注。蜂产品质量与安全受饲养环境、养殖方式、加工、流通、市场需求等多种因素影响。目前，我国蜂产品质量安全主要存在以下几个问题：①药物残留问题。主要包括抗生素残留、农药残留，蜂产品中药物残留不仅降低原有的保健营养价值和食疗功能，危害人体健康，而且对蜂群健康也带来极大危害，影响整个蜜蜂群势，采集能力下降。我国养蜂业属于劳动密集型产业，蜂场规模小，蜜蜂良种化程度不高，蜂螨、白垩病、美洲幼虫腐臭病、欧洲幼虫腐臭病、孢子虫病、囊状幼虫病和爬蜂综合征等疫病还比较突出，蜂群健康状况与国外相比差距较大。由于缺乏科学规范用药知识、蜜蜂疾病防控体系薄弱及经济利益驱使，生产中滥用或乱用抗生素药物现象仍然普遍存在。另外，蜂场周边的粮油作物、果树、蔬菜等农作物在流蜜期间喷洒的部分农药不仅造成蜜蜂大批死亡，而且可能导致蜂蜜中农药残留。②重金属残留问题。主要为蜂胶中的铅、砷、汞等重金属残留。③微生物污染问题。主要为花粉的霉菌污染。④掺假造假问题。其中蜂蜜、蜂胶掺假造假的问题不容忽视，掺假手段层出不穷。最初，造假者只是在蜂蜜中加入水、蔗糖、转化糖、饴糖、羧甲基纤维素、糊精等物质。近年来，在蜂蜜中掺入糖浆，如甜菜糖浆、甘蔗糖浆、高果糖玉米糖浆以及大米糖浆等。更有甚者，以葡萄糖、果糖、工业糖浆和工业淀粉酶等为原料，制造全假蜂蜜，蒙骗消费者，牟取暴利。蜂胶造假主要是用大量的杨树胶充当蜂胶，制成蜂胶软胶囊、蜂胶片剂或其他蜂胶制品销售。2010 年 11 月中央电视台《每周质量报告》分别以《甜蜜的谎言》《蜂胶里的秘密》为题曝光了假蜂蜜、假蜂胶事件。假蜂蜜、假蜂胶事件的曝光降低了消费者对蜂产品质量安全的信任，也改变了很多消费者一贯追求便宜低价蜂产品的消费观念。因此，如何从源头上遏制蜂产品质量安全已经变得刻不容缓。

第二节 指纹图谱分析技术应用进展

指纹分析术语起源于法医学中对人指纹的鉴别，人的指纹有拱形、环形和螺纹形三种基本模式，但每一个人的指纹在细微处却绝对不同，这是指纹的唯一性。20 世纪 90 年代初，指纹技术开始以生物识别的方式出现，如指纹识别、面部识别、声纹识别等，并逐渐发展成为指纹图谱的化学模式识别分析技术。随着仪器分析技术和多元统计方法的不断发展，指纹分析技术以光谱技术、核磁共振技术、同位素技术等为分析手段，获得样品的系列特征性图谱或数据，结合多元统计方法建立识别模型。指纹分析技术有两个基本特征："模糊性"和"整体性"。"模糊性"是指很难通过某几个特定组分含量或某些局部特征来完全描述样品的属性、特征或品质。"整体性"是指必须从宏观上对尽可能多的所有细微特征进行综合分析才能较客观地描述样品的属性、特征或品质。指纹分析技术近年来以快速、准确、灵敏等优点成为农产品、食品、药品的品种、产地及真伪溯源的研究热点。下面分别介绍与本书后面章节有关的分析技术如红外光谱技术、核磁共振光谱技术、稳定同位素技术、矿物元素技术及化学计量学方法的应用。

一、红外光谱技术

（一）近红外光谱技术

近红外光是指波长在 780～2526nm 的电磁波。近红外光谱（near infrared spectroscopy，NIR）指纹分析技术利用样品中含氢基团（如 C—H、O—H、N—H、S—H 等）化学键伸缩振动倍频和合频在近红外光区的吸收光谱，通过选择合适的化学计量学方法，将具有代表性的真实样品的近红外吸收光谱吸光度值与样品组分浓度或性质数据进行关联，建立样品吸收光谱与其组分浓度或性质之间的关系，称之为校正模型，运用建立好的校正模型快速预测未知样品组成或性质。近红外指纹分析技术是一种间接分析的技术，具有分析速度快、可实现多组分同时测量以及样品不需要复杂的前处理过程等优点，非常适合于实时在线分析和无损检测。而农产品或食品由于成分较复杂，传统的分析方法繁琐，通常无法实时在线检测。

随着计算机技术、化学计量学及仪器分析技术的发展与融合，近红外光谱技术是目前指纹分析技术中研究最多的技术之一，已被广泛用于农产品、食品、药品、石油、化工等产品的内部组分定量、真伪鉴别、产地识别、种类识别等。近红外光谱结合峰位识别、主成分分析、判别分析、聚类分析等统计学和化学计量学方法，不仅可以对农产品及食品的真伪进行鉴别，还可以对不同种类、不同类型的农产品及食品进行定性分析。近年来，近红外光谱指纹分析技术在农产品的品种、产地溯源方面，尤其对水果、食用油、茶叶、葡萄酒、蜂蜜等产品的溯源发挥重要作用。郝勇等应用可见/近红外光谱分析方法结合软独立模式分类（SIMCA）和偏最小二乘判别分析（PLS-DA）模式识别方法对赣南脐橙的品种进行识别，实现了纽贺尔、奈弗宁娜、华脐以及朋娜 4 种脐橙的 100%的识别，为脐橙优良品种的选育提供快速鉴别分析方法。李晓丽等应用可见-近红外光谱仪测定

5 个品种茶叶的光谱曲线，用主成分分析法和人工神经网络技术对不同品种茶叶进行聚类分析，对未知的 25 个样本进行鉴别，品种识别准确率达到 100%。

（二）中红外光谱技术

中红外光指波长为 4000～400cm^{-1} 的电磁波。中红外光谱（mid-infrared spectroscopy，MIR）又称分子振动转动光谱，检测到的是分子振动的基频吸收。传统的中红外光谱技术是基于样品光谱图中的峰位、峰形、峰强度代表着体系中各种基团的谱峰，反映的是一个混合物中各种成分的叠加谱图，混合物中的组成、含量等因素的变化都会引起光谱整体谱图的变化，凭借这些宏观特征，实现食品的鉴定与质量控制。而中红外光谱指纹分析技术是在利用样品的红外光谱数据基础上结合多元统计技术，挖掘红外特征指纹信息，通过识别模型建立实现鉴别效果。中红外光谱指纹分析技术与 NIR 技术一样，都具有采集数据速度快、前处理简单、无损、信息量大等优点。不同的是，中红外技术比近红外的检测限要好 1～2 个数量级，谱峰重叠没有近红外区严重，所表达的样品信息量更加丰富。除此之外，中红外光谱受水分影响较小并且能够反映出样本分子振动基频和合频的强吸收（褚小立，2011），因此中红外光谱的分辨率更高、采集信息的能力更强。

近年来，中红外光谱指纹分析技术结合化学计量学分析方法在奶产品、食用油、茶叶、中药等农产品溯源方面得到了很好的应用。Pappas 等利用傅里叶中红外漫反射光谱技术鉴别山羊奶和绵羊奶，发现 1840～950cm^{-1} 光谱区域是羊奶的指纹区域，1745cm^{-1} 与糖的羧基甲基酯化有关，是鉴别羊奶的主要谱峰，结合聚类分析和判别分析可鉴别不同来源的羊奶。梁鹏娟等应用傅里叶变换红外光谱法测定纯核桃油和分别混合大豆油、茶籽油和葵花籽油的掺伪核桃油的红外光谱，结合主成分分析法（PCA）以及马氏距离判别法对核桃油的纯度进行判别，3 个判别模型的准确率可达到 100 %。

二、拉曼光谱技术

拉曼光谱（Raman spectra）是一种散射光谱，反映的是与物质分子简正振动的频率大小以及与振动和转动能级有关的信息（Michal et al.，2016）。不同物质的拉曼光谱不一样，即拉曼光谱又称为“指纹谱”。拉曼光谱技术是基于拉曼散射效应而发展起来的一种光谱分析技术，可以有效地反映单一或混合体系的结构特征，在物质的定性分析中起着十分重要的作用。在拉曼光谱中 C≡N、C═O 等键的吸收表现为强峰吸收，而在红外光谱中为弱峰吸收；C—H、O—H、S—H 等键在拉曼光谱中表现为弱峰吸收，而在红外中表现为强峰吸收。因此，拉曼光谱所反映的信息与红外光谱所反映的信息可以实现互补效果。

与其他光谱技术一样，拉曼光谱技术无需对样品进行处理，样品用量较少，操作时间短，灵敏度高。同时，具有谱峰尖锐，可明显表征特定分子的结构，更适用于水溶液测定等特点。但拉曼技术也存在一些不足，如谱峰易重叠，易受仪器参数等因素影响，具有荧光性的物质会产生荧光干扰，拉曼效应太弱等。随着拉曼效应相关技术的出现和发展，衍生出一些新的拉曼光谱技术，弥补了上述缺点。例如，傅里叶变换拉曼光谱技术不仅克服了荧光干扰，而且具有测量波段宽、热效应小、检测精度及灵敏度高等优点，得到了越来越广泛的应用。Yang 等研究 10 种来源不同的食用油脂的拉曼光谱，判别分析分类结果准确率达 94%。肖静等利用拉曼光谱技术建立了 4 种不同来源种属山药的拉曼谱峰，其中参薯品种与其他三种差异较大，其拉曼光谱可以直接用于参薯的鉴别。

三、核磁共振波谱技术

核磁共振（nuclear magnetic resonance，NMR）技术是通过对具有自旋性质的原子核置于外磁场环境下，原子核吸收射频辐射从而产生能级跃迁现象的波谱学技术。核磁共振可以扫描到大量的信息，为我们描绘出分子内原子团或者原子排列完整顺序的概貌。它具有其他方法难以比拟的优点，即定性测定不具有破坏性、定量测定不需标样、样品处理简单、灵敏度高、重现性好等。

Bloch 和 Purcell 自 1945 年首先发现核磁共振信号以来，NMR 技术经过几十年的快速发展已成为测定有机和无机成分的重要手段。目前国内外已有诸多报道，将 NMR 波谱技术与化学计量学方法相结合应用于农产品品种与产地的区分。Charlton 等采集 98 份来自 3 个生产商的速溶咖啡的 ^{1}H NMR 数据结合 PCA 和 LDA 分析方法，判别准确率达到 98%以上。Caligiani 等利用 ^{1}H NMR 结合化学计量学方法对可可豆的产地进行了有效的鉴别。Longobardia 等利用 ^{1}H NMR 结合 SIMCA、PLS-DA 和 LDA 三种化学计量学方法对意大利的两个樱桃品种进行了鉴别，判别准确率均达到了 90%以上。Erich 等利用 ^{1}H NMR 与 ^{13}C NMR 相结合对 3 个品类的牛奶样本进行了鉴别，LDA 判别结果显示判别准确率达到 80%以上。

四、稳定同位素技术

稳定同位素是指元素中原子核内质子数、中子数以及核结构能保持长期稳定的同位素，自然界多数原子核属于此类。稳定同位素因其没有放射性，不会对人体造成伤害，而且又具有灵敏、准确的优点。由于动植物中的同位素会受到自身及外界环境的影响，在一定程度上，可以表征动植物的品种和生长区域。可用于鉴别不同地区、不同食源的食品原料，被认为是追溯食品产地来源的一种有效工具，具有广阔的应用前景（林光辉，2013）。

近几年，C、N、H、O、S 等稳定同位素技术已广泛应用于农产品、食品、医学、地质等多个领域，尤其对肉类、奶类、水果、蜂蜜、食用油等产品的产地、真伪、品种溯源发挥着巨大作用。碳元素主要由 ^{12}C 和 ^{13}C 两种稳定同位素组成。

植物光合作用中固定碳的方式不同，导致不同类型植物的$\delta^{13}C$（即$^{13}C/^{12}C$）具有差异性。植物可通过C3途径（卡尔文循环）、C4途径和景天酸代谢（CAM）途径共三种途径固定CO_2。C3植物利用1，5-二磷酸核酮糖羧化酶催化1，5-二磷酸核酮糖羧化，与CO_2反应产生3个3-磷酸甘油酸分子，最终形成碳水化合物。利用上述途径进行光合作用的植物称为C3植物，其$\delta^{13}C$值的变化在－33‰～－22‰；如大部分的水果和谷物属于C3循环。C4植物利用磷酸烯醇丙酮酸羟基酶来固定碳的光合作用方式，形成一种C4化合物草酰乙酸，因此称为C4途径；如糖类和玉米属于C4循环植物，其$\delta^{13}C$值的变化范围为－20‰～－9‰；某些植物采用景天酸光合代谢途径，能够进行C3途径和C4途径的两种作用方式，它们的$\delta^{13}C$介于C3植物和C4植物之间，如菠萝、仙人掌等植物。除了与植物光合作用方式有关外，外界环境因素也影响植物碳同位素组成，如光照时间、温度、湿度、土壤含水量、大气压及大气中CO_2的碳同位素组成等因素，从而导致不同分布区域及不同种类的植物其$\delta^{13}C$值存在差异性。

郭波莉等利用同位素比率质谱仪测定了吉林、贵州、宁夏、河北4个省（自治区）的牛肉、牛尾毛和饲料中的$\delta^{13}C$和$\delta^{15}N$值，发现不同地域牛组织中$\delta^{13}C$具有极显著差异。陈历水等利用同位素比率质谱（IRMS）方法研究不同产地的黑加仑果实、树叶、土壤和果汁中碳和氮稳定同位素比率，研究发现，土壤和树叶中的$\delta^{13}C$和$\delta^{15}N$值与果实呈显著相关性（$P<0.01$），利用当地树叶、土壤代替果实样品进行产地区分的准确率分别达61.5%和75.0%。吴浩等利用气相色谱-燃烧-同位素比率质谱法（GC-CIRMS）测定了产自法国、美国、澳大利亚和我国的葡萄酒中5种挥发性组分（乙醇、甘油、乙酸、乳酸乙酯和2-甲基-丁醇）的$\delta^{13}C$值，并对测定结果进行判别分析（DA），成功地将4个地区的葡萄酒区分开来。

水分子是由氢元素和氧元素组成，它们是示踪水分子循环最科学的同位素。氢稳定性同位素比率常用$^{2}H/^{1}H$表示，氧稳定性同位素比率常用$^{18}O/^{16}O$表示。氢氧稳定性同位素比率在水循环中主要受物理条件如雨水的凝结、蒸发等变化及混合作用，引起同位素分馏作用而产生规律性的变化。

氢氧稳定同位素技术和碳氮稳定同位素技术结合已逐渐被应用到植物性农产品和动物性农产品的分类和溯源。袁玉伟等用稳定同位素技术鉴别福建、山东和浙江的茶叶，研究结果发现，各地茶叶中的$\delta^{13}C$和$\delta^{15}N$值变化范围较小，差异不显著。$\delta^{18}O$和δD值的变化范围较大，浙江的$\delta^{18}O$平均值为4.252‰，明显高于山东的21.219‰和福建的21.942‰。浙江茶叶的δD值也与山东和福建存在显著性差异。王慧文等通过分析鸡肉中的$\delta^{13}C$和$\delta^{2}H$值、饲料中的$\delta^{13}C$值、水中的$\delta^{18}O$值，发现鸡肉与饲料中的$\delta^{13}C$呈正相关，鸡肉中$\delta^{2}H$与饮水中$\delta^{18}O$呈正相关。

五、矿质元素技术

生物体内的矿物元素组成特征与土壤、水等地理地质环境有关，是能够表征生物来源特征的较好指标。矿质元素指纹分析技术是近几年逐渐崭露锋芒的一项食品检测技术。目前已被用于蜂蜜、谷物、酒类、茶叶、乳品、肉类等多种食品产地溯源及确证研究。尤其是等离子体质谱（ICP-MS）技术在食品、农产品溯源等领域应用最广泛。电感耦合等离子体质谱技术（ICP-MS）是在痕量及更低水平下进行分析元素含量的一种新兴的指纹分析技术，具有较宽的动态线性范围，较快的分析速度，较低的检出限，可同时测定多种矿质元素等特点。

钱丽丽等利用电感耦合等离子体质谱法测定不同产地芸豆中 20 种矿物元素的含量，并对数据进行因子分析和聚类分析。结果证明，Gd 和 Cd 在不同产地芸豆中含量有各自的地域性特征，通过其含量可以对不同产地的芸豆实现鉴别和溯源。Heaton 等测定了来自欧洲、美洲、大洋洲的牛肉样品中的 Na、Al、K、V、Cr、Mg、Sr、Fe、Cu、Rb、Mo、Ni、Cs、Ba 及生物样同位素含量，通过筛选，δ^{13}C、Sr、Fe、脂肪中的δ^{2}H、Rb、Se 6 个变量对上述来源的样品正确判别率分别为 78.1%、55.6%和 91.7%。Liu 等应用 ICP-MS 技术对产自渤海、黄海和东海 3 个水域的海参体内 15 种元素（Al、V、Cr、Mn、Fe、Co、Ni、Cu、Zn、As、Se、Mo、Cd、Hg、Pb）进行检测分析，并应用主成分分析（principal component analysis，PCA）、聚类分析（cluster analysis，CA）以及线性判别分析 3 种模式识别技术对所测 15 种元素进行分析，结果显示，3 种分析手段对海参产地的识别率交叉验证结果接近 100%，证明了利用 ICP-MS 的矿物元素指纹图谱技术可成功应用于中国三大海域海参的产地鉴别。

单一技术提供的数据结果具有不完整性、不全面性和不统一性等特点，易导致模型对于样品误判率增加。因此，利用两种或多种技术融合能够提高模型的准确性和可靠性。目前，稳定同位素及其矿物元素组合已逐渐地应用到农产品溯源中。Zhao 等利用 C、N 稳定同位素和 23 种矿质元素相结合对中国 4 个省份的牛肉进行鉴别。结果表明，喂养西藏地区牛的草饲料主要类型是 C3 植物。利用玉米饲料喂养山东地区和黑龙江地区的牛，其牛肉 δ^{13}C 的含量上有差异性。其中这两个产地的牛肉的 23 种元素中有 18 种元素具有显著差异性。采用主成分分析和判别分析等化学计量学的手段进行分析，在牛肉样品中发现 8 个关键指标决定牛肉产地的鉴别。研究证明了稳定同位素和矿质元素相结合能够鉴别牛肉产地。Ariyama 等用高分辨率的电感耦合等离子体质谱仪来测定 ^{87}Sr/^{86}Sr 和 Pb 的同位素比值及多种矿质元素（Al、Fe、Co、Ni、Cu、Rb、Sr 和 Ba）含量。通过不同化学计量学方法比较确定大米的地理来源，预测准确率达 97%。

六、化学计量学方法

化学计量学（chemometrics）是 20 世纪 70 年代以后发展起来的一门化学分支学科，它是应用数学和统计学方法，设计和选择最优的测量过程和实验方法，并通过对化学数据解析，来获得更多的化学信息，是数学、统计学、计算机科学与化学相结合的交叉学科。80年代以来，随着计算机技术迅猛发展与普遍应用，化学计量学在处理化学量测中的实验设计、数据处理、信号解析与分辨、化学分类决策及预报等方面，解决了大量传统化学研究方法难以解决的复杂化学问题，显示了强大的生命力，目前已受到分析化学工作者的极大关注。化学计量学作为化学量测的基础理论与方法学，对化学学科，尤其是对分析化学学科的发展产生了重大影响，它已成为当今分析化学发展的前沿领域之一。

近年来，化学计量学方法结合原子光谱、分子光谱、色谱、质谱、核磁共振、传感器等分析技术在农产品、食品、药品的定性和定量分析中得到广泛应用。定性分析常用的方法主要分为有监督、无监督和图形显示识别三类模式识别方法。有监督的模式识别方法是通过训练集建立数学模型，用经过训练的数学模型来识别未知样本，具体方法有判别分析（discriminant analysis，DA）、软独立建模分类法（soft independent modeling of class analogies，SIMCA）、人工神经网络（artificial neural network，ANN）等。无监督的方法不需要训练集训练模型，未知样本的分类数可以预先给定，也可以根据实际分类结果确定，聚类分析（cluster analysis，CA）是无监督方法的典型代表，该方法特别适合在样本归属不清楚的情况下使用。图形识别是一种直观有效的方法，在实际中，可以利用人类在低维数空间对模式识别能力强的特点，将高维数据压缩成低维数据，实现图形识别。定量分析常用偏最小二乘法（PLS）。目前能够非常有效处理大量数据的统计方法有主成分分析（PCA）、判别分析（DA）、聚类分析（CA）和人工神经网络（ANN）等。下面将简单介绍本书中涉及的几种化学计量学方法。

（一）主成分分析法

主成分分析法是一种无监督模式的分析方法，其主要目的是将原始变量进行降维压缩，去除众多变量中信息互相重叠的部分。其基本思想是通过线性变换，把原始变量中相关性较高的变量压缩成很少的几个新变量，要求新变量，即压缩之后的主成分能够最大限度地表征原始变量的数据信息与结构特征，并且各个新变量及新的主成分之间相互独立。第一变量，即为第一主成分且具有最大的方差，第二变量，即为第二主成分且方差次大，之后依次类推。在实际应用过程中，通常会根据前几个方差的累计贡献率来选取最终所需要的主成分个数，这样不仅可以达到变量降维压缩的目的，有助于对数据进行观察分析，而且信息损失较小（李树深等，1999；林海明等，2013）。

（二）马氏距离判别法

马氏距离判别法（Mahalanobis distance-discriminate analysis，MD-DA）是通过对已知分类样品数据的识别学习，建立相应的识别规则，进而对未知样本进行判别。其在进行类模型的构建时，样本集的分布是按照具有相似性质的样本在类模型的空间中处于一个相近的位置而被聚为一类的，不同性质或不同特征的集合就可以构成类模型。将样本使用类模型进行分类，样本类的聚集程度是通过马氏距离来计算的，马氏距离越小，样本之间的性质或者特征的相似程度就会越高，样本的聚集程度就会越明显；马氏距离越大，样本间的相似度就会越低，样本的聚集程度就会偏差，或者是归属其他的类别（李玉榕，2006）。

（三）典型判别分析法

典型判别分析法（canonical discriminant analysis，CDA）是一种有监督模式的样本分类方法，是在已知样本信息的情况下，通过多个变量的筛选组合建立起能够对样本品种进行分类的线性判别函数。其主要原理是基于同一类样本中的变量的差异最小，而不同类中变量的差异最大而完成样本的分类，之后利用这个函数对已知样本和未知样本进行不同品种的判别。为了检验模型的稳定性及可靠性，采用留一交叉检验法对模型进行验证。其原理是假设有 P 个样本，每次选取一个样本作为测试的样本，其他 $P-1$ 个样本作为训练样本。这样得到 P 个分类模型，P 个模型测试结果。最后，利用这 P 个分类结果的平均值来评价模型的性能。

（四）聚类分析法

聚类分析是数理统计的一种无监督模式识别方法，适用于对于样本没有类的先验知识的情况，包括系统聚类法、k 均值聚类法、图论方法中的最小生成树等方法。系统聚类法是聚类分析中应用较多的一类方法，其基本思想是首先定义样品之间和类与类之间的举例，在各自成类样本中，将距离最近的样本并为一个新类，计算新类与其他类间的距离，按最小距离重新合并，重复此过程，每次减少一类，直到所有的样本并为一类；k 均值聚类法是一种凝聚分类的动态聚类方法，其基本思想是先假定一个分类数目 k，任意选取 k 个点作为初始类凝聚点，逐个计算其他样本与 k 个类重心之间的距离，选定距离最小者将其并入该类，再重新计算各类的重心，并以该重心为新的凝聚点，直到每个样本都被归类。

主要参考文献

曹炜，符军放，索志荣，等. 2007. 蜂胶与杨树芽提取物成分的比较研究［J］. 食品与发酵工业，33（7）：162-166.

曹炜，尉亚辉. 2002. 蜂产品保健原理与加工技术［M］. 北京：化学工业出版社.

陈历水，丁庆波，苏晓霞，等. 2013. 碳和氮稳定同位素在黑加仑产地区分中的应用［J］. 食品科学，34（24）：249-253.

陈永坚，陈荣，李永增，等. 2011. 茶氨酸拉曼光谱分析［J］. 光谱学与光谱分析，31（11）：2961-2964.

褚小立. 2011. 化学计量学方法与分子光谱分析技术［M］. 北京：化学工业出版社.

范淑珍，韩延东，侯冬岩，等. 2012. 红外光谱技术在茶叶分析中的应用综述［J］. 化学研究，23（1）：107-110.

高明珠. 2011. 核磁共振技术及其应用进展［J］. 信息记录材料，12（3）：48-51.

郭波莉，魏益民，潘家荣. 2009. 牛肉产地溯源技术研究［M］. 北京：科学出版社.

李水芳，单杨，尹永，等. 2012. 拉曼光谱法快速鉴别蜂蜜中掺入甜菜糖浆的可行性研究［J］. 中国食品学报，

12（6）：148-153.
李水芳，朱向荣，单扬．2009．蜂蜜掺假鉴别技术研究进展［J］．食品工业科技，30（11）：353-356.
李玉榕，项国波．2006．一种基于马氏距离的线性判别分析分类算法［J］．计算机仿真，23（8）：86-88.
丽艳．2008．中国不同地区蜂胶醇提取物化学组成及抗氧化活性［D］．南昌：南昌大学硕士学位论文.
梁鹏娟，赵声兰，陈朝银，等．2015．傅里叶变换红外光谱法鉴别纯核桃油并定量检测掺伪含量［J］．中国粮油学报，30（2）：122-126.
梁逸曾，俞汝勤．2003．化学计量学［M］．北京：高等教育出版社.
林光辉．2013．稳定同位素生态学［M］．北京：高等教育出版社.
林海明，杜子芳．2013．主成分分析综合评价应该注意的问题［J］．统计分析，30（8）：29-31.
刘树深，易忠胜．1999．基础化学计量学［M］．北京：科学出版社：145-147.
吕泽田．2005．蜂胶应用研究现状与发展趋势［J］．蜜蜂杂志，（4）：8-11.
罗照明．2013．中国蜂胶中多酚类化合物研究［D］．北京：中国农业科学院硕士学位论文.
南垚，郭伽，郑莲香，等．2000．蜂胶的化学成分研究进展［J］．中国养蜂，52（2）：17-18.
屠振华，朱大洲，籍保平，等．2010．红外光谱技术在蜂蜜质量检测中的研究进展［J］．光谱学与光谱分析，30（11）：2971-2975.
王磊．2014．牛乳稳定同位素分布特征及其应用研究［D］．天津：天津科技大学硕士学位论文.
王霓，赵建怡，李晓华，等．2011．蜂花粉的营养价值研究［J］．广东微量元素科学，31（8）：52-55.
王宁宁，申兵辉，关建军，等．2015．近红外光谱分析技术识别奶粉中淀粉掺假的研究［J］．光谱学与光谱分析，（8）：2141-2146.
王茹，谢印乾，沈志强，等．2007．蜂胶的免疫增强作用及其在疫苗中的应用［J］．中国畜牧兽医，02：122-125
王雪，罗照明，张红城，等．2015．中国蜂胶胶源植物研究［J］．江苏农业科学，43（11）：385-392.
吴国泰，武玉鹏，牛亭惠，等．2017．蜂蜜的化学、药理及应用研究概况［J］．蜜蜂杂志，37（1）：3-6.
吴浩，谢丽琪，靳保辉，等．2015．气相色谱-燃烧-同位素比率质谱法测定葡萄酒中 5 种挥发性组分的碳同位素比值及其在产地溯源中的应用［J］．分析化学，（3）：344-349.
吴杰．2012．蜜蜂学［M］．北京：中国农业出版社.
吴招斌，陈芳，陈兰珍，等．2015．基于电感耦合等离子体质谱法和化学计量学鉴别蜂蜜品种研究［J］．光谱学与光谱分析，35（1）：217-222.
徐景耀．1995．蜂蜜［M］．北京：北京农业科技出版社.
徐万林．1992．中国蜜粉源植物［M］．哈尔滨：黑龙江科学技术出版社.
许禄，邵学广．2004．化学计量学方法［M］．北京：科学出版社.
延莎，张红城，董捷．2012．不同植物源蜂胶挥发性成分差异分析［J］．食品科学，（10）：268-273.
俞益芹，张焕新．2011．蜂胶复合保鲜剂对双孢蘑菇保鲜的效果［J］．江苏农业科学，39（6）：445-448.
袁玉伟，张永志，付海燕，等．2013．茶叶中同位素与多元素特征及其原产地 PCA-LDA 判别研究［J］．核农学报 27（1）：47-55.
袁泽良，冯峰．2002．蜂产品加工技术与保健［M］．北京：科学技术文献出版社.
张翠平，胡福良．2009．蜂胶中的黄酮类化合物［J］．天然产物研究与开发，21（6）：1084-1090.
张翠平，胡福良．2012．蜂胶中的萜类化合物［J］．天然产物研究与开发，24（7）：976-984.
张翠平，王凯，胡福良．2013．蜂胶中的酚酸类化合物［J］．中国现代应用药学，30（1）：102-105.
张复兴．1998．现代养蜂生产［M］．北京：中国农业大学出版社：285-303.
张巍巍，牛巍．2016．拉曼光谱技术的应用现状［J］．化学工程师，（02）：56-58.
张伟，崔同，檀建新，等．1998．蜂胶对食品致病菌抑菌作用研究［J］．食品科学，（3）：114-115.
中国药典委员会．2009．《中华人民共和国药典》（2010 年版一部）［M］．北京：中国医药科技出版社.
周梦遥，徐瑞晗，黄微，等．2010．世界主要蜂胶的植物源及多酚类化合物的研究进展［J］．中国蜂业，61（3）：5-10.
周相娟．2007．现代仪器分析技术在食品品质鉴别中的应用［J］．食品研究与开发，28（10）：181-184.
Abdi H, Williams L J. 2010. Principal component analysis [J]. Wiley Interdisciplinary Reviews: Computational Statistics,

2 (4): 433-459.

Allen K L, Molan P C, Reid G M A. 1991. Survey of the antibacterial activity of some New Zealand honeys [J]. Journal of Pharmacy and Pharmacology, 43 (12): 817-822.

Bankova V S, Castro S L D, Marcucci M C. 2000. Propolis: recent advances in chemical and plant origin [J]. Apidologie, 31 (1): 3-15.

Baroni M V, Nores M L, Díaz M P, et al. 2006. Determination of volatile organic compound patterns characteristics of five unifloral honeys by solid-phase microextraction-gas chromatography-mass spectrometry coupled to chemometrics [J]. Journal of Agricultural and Food Chemistry, 54 (19): 7235-7241.

Basim E, Basim H, Özcan M. 2006. Antibacterial activities of Turkish pollen and propolis extracts against plant bacterial pathogens [J]. Journal of Food Engineering, 77 (4): 992-996.

Bentabol M, Hernández G, Rodríguez G, et al. 2014. Physicochemical characteristics of minor monofloral honeys from Tenerife, Spain [J]. LWT- Food Science and Technology, 55 (2): 572-578.

Bogdanov S. 1997. Nature and origin of the antibacterial substances in honey [J]. LWT- Food Science and Technology, 30 (7): 748-753.

Bombarda I, Dupuy N, Da J P, et al. 2008. Comparative chemometric analyses of geographic origins and compositions of lavandin var. Grosso essential oils by mid infrared spectroscopy and gas chromatography [J]. Analytica Chimica Acta, 613 (1): 31-39.

Burdock G A. 1998. Review of the biological properties and toxicity of bee propolis (propolis) [J]. Food & Chemical Toxicology, 36 (4): 347-363.

Caligiani A, Coisson J D, Travaglia F, et al. 2014. Application of ^{1}H NMR for the characterisation and authentication of "Tonda Gentile Trilobata" hazelnuts from Piedmont (Italy) [J]. Food Chemistry, 148: 77-85.

Charlton A J, Farrington W H H, Brereton P. 2002. Application of ^{1}H NMR and multivariate statistics for screening complex mixtures: quality control and authenticity of instant coffee [J]. Journal of Agricultural & Food Chemistry, 50 (11): 3098-3103.

Charlton A J, Robb P, Donarski J A, et al. 2008. Non-targeted detection of chemical contamination in carbonated soft drinks using NMR spectroscopy, variable selection and chemometrics [J]. Analytica Chimica Acta, 618 (2): 196-203.

Chen Y W, Wu S W, Kaikuang H, et al. 2008. Characterisation of taiwanese propolis collected from different locations and seasons [J]. Journal of the Science of Food & Agriculture, 88 (3): 412-419.

Christov R, Trusheva B, Popova M, et al. 2006. Chemical composition of propolis from Canada, its antiradical activity and plant origin [J]. Natural Product Research, 20 (6): 531-536. .

Donarski J A, Jones S A, Harrison M, et al. 2010. Identification of botanical biomarkers found in Corsican honey [J]. Food chemistry, 118 (4): 987-994.

Doner L W. 1977. The sugars of honey a review [J]. Journal of the Science of Food and Agriculture, 28 (5): 443-456.

Eva B, Joan F, Ricard B, et al. 2016. Olive oil sensory defects classification with data fusion of instrumental techniques and multivariate analysis (PLS-DA) [J]. Food Chemistry, 203 (15): 314-322.

Falcão S I, Tomás A, Vale N, et al. 2013. Phenolic quantification and botanical origin of Portuguese propolis [J]. Industrial Crops & Products, 49 (4): 805-812.

Gelder J D, Gussem K D, Vandenabeele P, et al. 2007. Reference database of Raman spectra of biological molecules [J]. Journal of Raman Spectroscopy, 38 (9): 1133-1147.

Ghisalberti E L. 1979. Propolis: a review [J]. Bee World, (2): 59-84.

Giovanna L L T, Lara L P, Rossana R, et al. 2008. Classification of Marsala wines according to their polyphenol, carbohydrate and heavy metal levels using canonical discriminant analysis [J]. Food Chemistry, 110 (3): 729-734.

Greenaway W, Scaysbrook T, Whatley F R. 2015. The composition and plant origins of propolis: a report of work at oxford [J]. Bee World, 71 (3): 107-118.

Gurdeniz G, Ozen B, Tokatli F. 2008. Classification of Turkish olive oils with respect to cultivar, geographic origin and harvest year, using fatty acid profile and mid-IR spectroscopy [J]. European Food Research and Technology, 227 (4):

1275-1281.

Heaton K, Kelly S D, Hoogewerff J, et al. 2008. Verifying the geographical origin of beef: The application of multi-element isotope and trace element analysis [J]. Food Chemistry, 107 (1): 506-515.

Hegazi A G, El Hady F K. 2001. Egyptian propolis: 1-antimicrobial activity and chemical composition of Upper Egypt propolis [J]. Journal of Biosciences, 56 (2): 82-88.

Kečkeš S, Gašić U, Veličković T Ć, et al. 2013. The determination of phenolic profiles of Serbian unifloral honeys using ultra-high-performance liquid chromatography/high resolution accurate mass spectrometry [J]. Food Chemistry, 138 (1): 32-40.

Kilicoglu B, Kismet K, Koru O, et al. 2006. The scolicidal effects of honey [J]. Advances In Therapy, 23 (6): 1077-1083.

Kumazawa S, Hamasaka T, Nakayama T. 2004. Antioxidant activity of propolis of various geographic origins [J]. Food Chemistry, 84 (3): 329-339.

Lachman J, Orsák M, Hejtmánková A, et al. 2010. Evaluation of antioxidant activity and total phenolics of selected Czech honeys [J]. LWT-Food Science and Technology, 43 (1): 52-58.

Leja M, Mareczek A, Wyzgolik G, et al. 2007. Antioxidative properties of bee pollen in selected plant species [J]. Food Chemistry, 100 (1): 237-240.

Longobardi F, Ventrella A, Bianco A, et al. 2013. Non-targeted ^{1}H NMR fingerprinting and multivariate statistical analyses for the characterisation of the geographical origin of Italian sweet cherries [J]. Food Chemistry, 141 (3): 3028-3033.

Louveaux J, Vorwohl M A, Vorwohl G. 1978. Methods of melissopalynology [J]. Bee World, 59: 139-162.

Lu X, Webb M, Talbott M, et al. 2010. Distinguishing ovarian maturity of farme white sturgeon (*Acipenser transmontanus*) by Fourier transform infrared spectroscopy: a potential tool for caviar production management [J]. Journal of agricultural and food chemistry, 58 (7): 4056-4064.

Luis C G, Elizabeth O V, Jorge A P, et al. 2012. Floral classification of Yucatan Peninsula honeys by PCA & HS-SPME/ GC MS of volatile compounds [J]. International Journal of Food Science and Technology, 47 (7): 1378-1383.

Malz F, Jancke H. 2005. Validation of quantitative NMR [J]. Journal of Pharmaceutical & Biomedical Analysis, 38 (5): 813.

Marcucci M C. 1995. Propolis: Chemical composition, biological properties and therapeutic activity [J]. Apidologie, 26 (2): 83-99.

Mateo R, Bosch R F. 1998. Classification of spanish unifloral honeys by discriminant analysis of electrical conductivity, color, water content, sugars, and pH [J]. Journal of Agricultural and Food Chemistry, 46 (2): 393-400.

Meda A, Lamien C E, Romito M, et al. 2005. Determination of the total phenolic, flavonoid and proline contents in burkina fasan honey, as well as their radical scavenging activity [J]. Food Chemistry, 91 (3): 571-577.

Murat K, Sevgi K, Şengül K, et al. 2007. Biological activities and chemical composition of three honeys of different types from Anatolia [J]. Food Chemistry, 100 (2): 526-534.

Orsolic N, Knezevic A H, Sver L, et al. 2004. Immunomodulatory and antimetastatic action of propolis and related polyphenolic compounds [J]. Journal of ethnopharmacology, 94 (2): 307-315.

Park Y K, Alencar S M, Aguiar C L. 2002. Botanical Origin and Chemical Composition of Brazilian Propolis [J]. Journal of Agricultural & Food Chemistry, 50 (9): 2502-2506.

Paulo H R J, Kamila S O, Carlos E R A, et al. 2016. FT-Raman and chemometric tools for rapid determination of quality parameters in milk powder: Classification of samples for the presence of lactose and fraud detection by addition of maltodextrin [J]. Food Chemistry, 196: 584-588.

Popova M P, Graikou K, Chinou I, et al. 2010. GC-MS profiling of diterpene compounds in Mediterranean propolis from Greece [J]. Journal of Agricultural & Food Chemistry, 58 (5): 3167-3176.

Pyrzanowska J, Piechal A, Blecharz-Klin K, et al. 2014. Long-term administration of Greek Royal Jelly improves spatial memory and influences the concentration of brain neurotransmitters in naturally aged Wistar male rats [J]. Journal of Ethnopharmacology, 155 (1): 343-351.

Rahman M M, Richardson A, Sofian-Azirun M. 2010. Antibacterial activity of propolis and honey against Staphylococcus aureus and Escherichia coli [J]. African Journal of Microbiology Research, 4 (18): 1872-1878.

Ritz M, Vaculíková L, Kupková J, et al. 2016. Different level of fluorescence in Raman spectra of montmorillonites [J]. Vibrational Spectroscopy, 84: 7-15.

Tahir H E, Xiaobo Z, Zhihua L, et al. 2015. Comprehensive evaluation of antioxidant properties and volatile compounds of Sudanese honeys [J]. Journal of Food Biochemistry, 39 (4) , 349-359.

Terouzi W, De Luca M, Bolli A, et al. 2011. A discriminant method for classification of Moroccan olive varieties by using direct FT-IR analysis of the mesocarp section [J]. Vibrational Spectroscopy, 56 (2): 123-128.

Tomas-Barberan F A, Martos I, Ferreres F, et al. 2001. HPLC flavonoid profiles as markers for the botanical origin of European unifloral honeys [J]. Journal of Science Food and Agricultural, 81 (5): 485-496.

Tran V H, Duke R K, Abu-Mellal A, et al. 2012. Propolis with high flavonoid content collected by honey bees from Acacia paradoxa [J]. Phytochemistry, 81 (81): 126-132.

Usia T, Banskota A H, Tezuka Y, et al. 2002. Constituents of Chinese Propolis and Their Antiproliferative Activities [J]. Journal of Natural Products, 65 (5): 673-676.

Vitale R, Bevilacqua M, Bucci R, et al. 2013. A rapid and non-invasive method for authenticating the origin of pistachio samples by NIR spectroscopy and chemometrics [J]. Chemometrics and Intelligent Laboratory Systems, 121 (121): 90-99.

Wu Z B, Chen L Z, Wu L M, et al. 2015. Classification of Chinese honeys according to their floral origins using elemental and stable isotopic compositions [J]. Journal of Agricultural and Food Chemistry, 63 (22): 5388-5394.

Yao L H, Jiang Y M, Singanvsong R, et al. 2004. Phenolic acids and abscisic acid in Australian eucalyptus honeys and their potential for floral authentication [J]. Food Chemistry, 86 (2): 169-177.

第二章　近红外光谱指纹分析技术在蜂产品溯源中的应用

第一节　近红外光谱指纹分析技术简介

一、基本原理及特点

近红外光（near infrared，NIR）是介于可见光（VLS）和中红外光（MIR）之间的电磁波，美国材料检测协会（ASTM）将波长为 780～2526nm（12 820～3959cm^{-1}）的光谱区定义为近红外光谱区（near infrared spectra，NIRS），是人们最早发现的非可见光区域。近红外光谱是由于分子振动能级的跃迁（同时伴随转动能级跃迁）而产生的。一般有机物的近红外光谱吸收主要是含 H 基团（O—H、C—H、N—H、S—H 等）分子振动的倍频和合频吸收。因此，几乎所有的有机物的一些主要结构和组成都可以在它们的 NIR 光谱中找到特征信号。不同基团产生的光谱在吸收峰位置和强度上有所不同，根据朗伯-比尔吸收定律（Lambcrt-Beer law），随着样品组成或者结构的变化，其光谱特征也将发生变化。

由于近红外光谱区的谱带复杂、重叠严重，无法使用经典的定性、定量方法，必须借助于化学计量学中的多元统计、曲线拟合、聚类分析、多元校准等方法定标，将其所含的信息提取出来进行分析。因此，与传统化学分析技术不同的是，近红外光谱分析技术是利用化学物质在其近红外光谱区内的光学特征并结合化学计量学，通过校正模型的建立实现对未知样本的定性或定量分析的一种间接分析技术，是一种综合光谱学、化学计量学和计算机应用等多学科知识的现代分析技术。

近红外光子的能量比可见光低，不会对人体造成伤害，而且整个分析过程不会对环境造成任何污染，可在数分钟内完成多项参数的测定，分析速度可提高上百倍，分析成本可降低数十倍。因此，近红外光谱分析技术具有测样速度快、结果稳定、重复性好、成本低、无污染以及不破坏样品等特点。近年来，随着计算机技术、仪器硬件的迅速发展，以及化学计量学方法在解决光谱信息提取和消除背景干扰方面取得的良好效果，近红外光谱分析技术已经被广泛应用于农林业、农产品、食品、医药、石油、化工等多个领域，在原料确证、产品质量控制与分析、品质鉴定、真假识别、分类判别等方面发挥了重要作用。

二、仪器简介

（一）主要装置

近红外光谱仪器装置主要由以下几个部分构成：光源系统、分光系统、测样附件、检测器、控制和数据处理系统及记录显示系统。仪器的波长范围、光谱分辨率、采样间隔、检测器特性、色散元件等是评价近红外光谱仪的主要性能指标。

目前实验室最常用的光源是性能稳定、价格较低的卤钨灯。发光二极管（LED）是一种新型光谱，适合在线或便携式仪器。

分光系统是将复合光转化为单色光，常用分光类型有滤光片、光栅扫描、迈克耳孙干涉仪、声光调谐滤光器等。

近红外光谱的测试方法主要分为透射和反射类型。依据不同测量对象，可细分为透（反）射、漫透（反）射等方式，根据样品不同状态，目前仪器配置的测量附件种类很多，如适合固体颗粒和粉末测量的积分球，适合液态样品测量的透射式或漫反射式光纤探头等。

近红外光谱检测器分为单点检测器和阵列检测器两种，在短波区域多采用 Si 检测器或 CCD 检测器。长波区域多采用 PbS 或 InGaAs 检测器或阵列式检测器。其中较常用的 InGaAs 检测器响应速度快、信噪比和灵敏度高，但响应范围相对较窄。

近红外光谱仪类型很多。按照仪器的分光器件不同，近红外光谱仪可分为滤光片型、色散型（光栅、棱镜）、傅里叶变换型（FT）、声光可调滤光型（acousto-optic tunable filter，AOTF）和固定光路多通道检测型等多种类型。其中光栅色散型又有光栅扫描单通道和非扫描固定光路多通道检测之分。分光系统不同，仪器的原理和特点也不同。例如，傅里叶变换光谱仪通过测量干涉图和对干涉图进行傅里叶积分变换的方法来测定和研究光谱。与传统的色散型光谱仪相比，傅里叶变换光谱仪能同时测量、记录所有波长的信号，具有更高的波长精度、分辨率和信噪比。但由于干涉仪中动镜的存在，仪器的在线长久可靠性受到一定的限制，另外对仪器的使用和放置环境也有较高的要求。声光可调滤光器近红外光谱仪器用 AOTF 作为分光系统，利用超声波与特定的晶体作用而产生分光，被认为是 20 世纪 90 年代近红外光谱仪器最突出的进展。与传统的单色器相比，采用声光调制产生单色光，即通过超声射频的变化实现光谱扫描。光学系统无移动部件，波长切换快、重现性好，程序化的波长控制具有更大的灵活性。近年来在工业在线中得到越来越多的应用。但目前这类仪器的分辨率相对较低，价格也较高。非扫描固定光路多通道近红外光谱仪器是因为仪器的检测器采用多通道光敏器件而得名。多通道检测器的类型主要有两种：二极管阵列（photodiode array，PDA）和电荷耦合器件（charger coupled device，CCD）。这类仪器的最大特点是仪器内部无可移动部件，仪器的稳定性和抗干扰性能好，扫描速度快，一般单张光谱的扫描速度只有几十毫秒，特别适合作为现场或在线分析仪器使用。

另外，根据任务需求不同，近红外光谱仪可以设计为实验室通用式、便携式、车载式、专用和在线式等类型。

（二）工作流程

近红外光谱分析技术包括光谱测量技术和多元统计分析技术。光谱测量技术可分为透射光谱法和反射光谱法。透射光谱法中，待测样品位于作用光与检测器之间，检测器检测到的作用光投射到样品体，与样品分子作用后以各种方式反射回来的光，携带有丰富的样品信息。反射光谱法中，作用光与检测器均位于待测样品同侧。

近红外光谱仪一般可以直接测定样品，无需样品预处理。但在近红外光谱测量过程中，样品温度、样品状态、环境温度、仪器状态等都会对近红外光谱产生影响，因此针对不同测量对象选择合适的仪器和附件显得尤为重要。例如，对于流动性好的均匀液体样品，通常采用透射测量方式，选择合适的光程。对于固体样品，一般采用漫反射测量方式。颗粒和粉末样品的漫反射光谱极易受样品状态和装样条件影响。对于黏稠浆状样品（如牛奶、冰淇淋等），可选择透射或漫反射测量方式。如果样品处于非均质状态，需要使用高速混合器进行均质化处理，以免光谱散射。选好测量附件后，开始对待测样品进行光谱采集，需要对近红外光谱仪进行参数设置，如波长范围、分辨率（如 $4cm^{-1}$、$8cm^{-1}$、$16cm^{-1}$）、扫描次数（如 16 次、32 次）等。

由于光谱仪采集的吸光度光谱信号往往受到许多不确定因素干扰，如样品不同成分之间相互干扰导致的吸收光谱谱线重叠，低含量成分谱峰被高含量成分谱峰掩盖，以及信号噪声等问题。因此需要对光谱信号进行消除噪声、波长选择等预处理，以提取和增强光谱中的有用信息、降低或消除干扰因素的影响，为校正模型的建立和未知样品的准确预测打下基础。常用的光谱预处理方法有平滑、导数、附加散射校正、傅里叶变换、常数偏移消除、直线差值、矢量归一化、最小最大归一化、小波变换、遗传算法等方法及这些方法的组合。

近红外光谱分析是通过化学计量学方法建立代表性样品光谱和组分或性质相关联的校正模型来实现对未知样品的定量或定性分析，因此，建立稳健可靠、准确性高的数学模型是近红外光谱分析的关键技术之一，样品集代表性和化学计量学方法决定模型预测效果。常用的化学计量学方法主要有多元线性回归、主成分分析、偏最小二乘法、判别分析、聚类分析等。

三、在蜂产品中的应用进展

国内外研究表明，近红外光谱指纹分析技术在蜂产品品种溯源、真伪鉴别等方面也有一些成功的应用。近红外光谱技术在蜂蜜溯源中的应用研究起步较晚，但发展较快。20 世纪 90 年代中期，Davies 等（2002）较早报道了用近红外光谱技术初步评价不同产地和品种的蜂蜜，结合主成分分析（PCA）和典型变量分析（CVA）鉴别洋槐蜜、板栗蜜、石南蜜及油菜蜜，分类效果较好。Dvash 等（2002）用近红外反射光谱分析 109 个 avocado 蜂蜜样品中的特有组分 perseito，模型预测结果令人满意。Corbella 等（2005）报道了可见/近红外光谱用于分类乌拉圭桉树蜜、牧草蜜，校正模型能准确识别这两类蜂蜜。Ruoff 等（2006）分别用近红外和中红外对 8 种蜂蜜品种进行鉴别，建立的模型能有效地判别洋槐蜜、板栗蜜和甘露蜜。在近红外光谱技术应用于蜂蜜产地溯源方面，相关的文献报道较少。Davies 等（2002）用近红外光谱技术分析了分别来自法国、德国和意大利的蜂蜜的产地来源，鉴别结果不理想。Woodcock 等（2007）对分别来自于爱尔兰、墨西哥、西班牙、阿根廷、捷克和匈牙利的蜂蜜进行产地识别，通过近红外光谱技术和化学计量学分析建立模型，准确识别率均高于 90%。2009 年又通过化学计量学手段分析了 219 个科西嘉岛蜂蜜和 154 个非科西嘉岛蜂蜜的近红外光谱指纹特征并建立判别模型，科西嘉岛蜂蜜和非科西嘉岛蜂蜜的正确识别率分别为 90.0%和 90.3%，建立了科西嘉岛蜂蜜的原产地辨别方法。

最近几年，我国在近红外光谱技术应用于蜂蜜溯源方面的报道也逐渐增多。在品种溯源方面，我们较早提出了利用近红外光谱技术结合化学计量学方法建立洋槐蜜、椴树蜜、油菜蜜、荆条蜜、枣花蜜的鉴别模型，预测结果较满意。在产地溯源方面，李水芳等（2011）提出用近红外光谱结合化学计量学方法分别建立了苹果蜜产地和油菜蜜产地的判别模型。

有关近红外光谱指纹分析技术在蜂蜜品种溯源中的应用实例，本书作者已在《蜂蜜近红外光谱检测技术》一书中阐述，这里不再重复。因此本章第二节仅介绍近红外光谱指纹分析技术鉴别蜂胶品种的应用实例。近年来，有关蜂胶品种、品质的研究报道越来越多，主要以色谱分析方法为主，多为测定某一种或者某几种特征性物质作为鉴别的标准。但是国内外较少报道近红外光谱指纹分析技术在蜂胶品种鉴别方面的研究。本章主要介绍了利用近红外光谱指纹分析技术快速鉴别蜂胶品种的方法，并通过主成分分析和判别分析对不同蜂胶品种进行分类，为进一步研究蜂胶品种提供一定的理论依据和方法基础。

第二节 近红外光谱指纹分析技术鉴别蜂胶品种

一、实验材料与主要仪器设备

（一）实验材料

实验用蜂胶样品均采集于 2013～2014 年，总计 3 个省份共 70 个蜂胶样品，并于−18℃冰箱中放置。样本的详细信息如表 2.1 所示。

表 2.1　蜂胶样本信息

品种	产地	蜂种	个数
杨树型蜂胶	河南省、辽宁省	意蜂	28
橡树型蜂胶	云南省	意蜂	23
桦树型蜂胶	吉林省	意蜂	19

（二）主要试剂与仪器设备

无水乙醇；HY-04B 高速粉碎机；KQ-100E 型超声波清洗仪；MPA 型傅里叶变换近红外光谱仪（配备 InGaAS 检测器、液体光纤探头 2mm）。

分析软件采用 Matlab R2009b、TQ Analyst V6.0 和 SPSS19.0。

二、样品处理与光谱采集

（一）样本前处理

将蜂胶样品从冷冻容器中取出，迅速放入高速粉碎机中进行粉碎，称取 0.1～0.3g 蜂胶样品，加入 5～10mL 无水乙醇中进行溶解，对于一些溶解较慢的样品，放入超声波中进行溶解。离心后取上清液过滤以用于近红外光谱数据采集。

（二）光谱采集

近红外光谱仪检测参数设置为：扫描范围 12 000～4000cm^{-1}，分辨率 4cm^{-1}，扫描次数 64 次，采集模式为透反射。每个样品平行扫描 3 次，取平均值作为该样品的原始光谱。光谱采集过程中，以无水乙醇作为背景。

三、数据处理与分析

（一）光谱预处理和主成分分析

图 2.1 为 3 种蜂胶样品的原始近红外光谱图，横坐标为波数，纵坐标为吸光度值。由图 2.1 可知，其主要化学物质在近红外谱图中吸收峰位置极为相似，但是其吸光度值有一定差异。6200～5800cm^{-1} 附近是黄酮类苯环上 C—H 伸缩振动的一级倍频吸收；4640cm^{-1} 附近是 N—H 振动合频的吸收带，6000cm^{-1} 附近波段主要为 C—H 和 H—O 一级倍频及合频吸收；5200cm^{-1} 与 7000cm^{-1} 是 H—O 的合频和二倍频的吸收带。在建立蜂胶近红外光谱定性模型过程中，需要对建模波段进行选择，同时要选择一定的光谱预处理方法。光谱预处理可以将原光谱中难以识别的信号进行变换函数处理，挖掘或归纳出原光谱中隐含的特征性、细微性信

息，降低那些信息量小、失真大的谱区对模型真实性和稳定性的影响，满足模型建立过程中的数据分析要求。本研究采用的是一阶导数＋Saritzky-Golay 平滑对光谱进行预处理，利用 Matlab R2009 软件计算蜂胶光谱的主成分得分，选取合适的因子个数，为接下来模型的建立提供有效的数据参考。

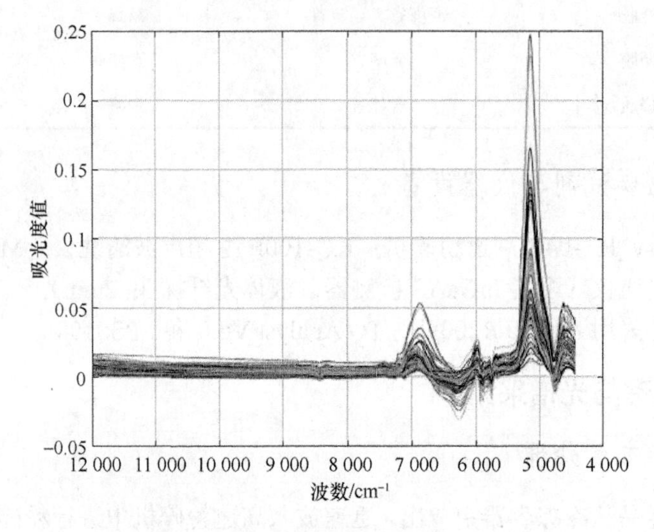

图 2.1 蜂胶样品的近红外光谱图

首先利用近红外光谱仪自带的 OPUS 软件将每个样品的近红外光谱转换为数据点，光谱波段 12 000～4500cm^{-1} 共有 3919 个数据点，数据量大，冗余信息多，利用主成分分析对 3919×70 的数据矩阵进行降维压缩。主成分分析的结果如表 2.2 所示，随着因子数的增加，主成分的累计方差贡献率也不断增大，前 10 个主成分（principle component，PC）的累计贡献率达到 99.98%，趋近 100%，基本可以表征样品的绝大部分信息。

表 2.2 蜂胶近红外光谱前 10 个主成分累计方差贡献率

主成分	PC1	PC2	PC3	PC4	PC5	PC6	PC7	PC8	PC9	PC10
方差贡献率/%	75.35	11.05	6.02	4.50	2.84	0.17	0.05	0.02	0.00	0.00
累计贡献率/%	75.35	86.40	92.42	96.90	99.74	99.91	99.96	99.98	99.98	99.98

（二）马氏距离判别分析

将 70 个蜂胶样品按照 3∶1 的比例随机分为校正集和检验集，校正集 47 个，检验集 23 个。采用前 10 个主成分因子结合马氏距离判别法建立蜂胶品种的判别模型，结果如表 2.3 所示。校正集与检验集的总体判别率分别为 93.62%和 82.61%；校正集中橡树型蜂胶、桦树型蜂胶和杨树型蜂胶的判别率分别为 93.62%、

84.62%和100%。其中有1个橡树型蜂胶错判为杨树型蜂胶，2个桦树型蜂胶错判为杨树型蜂胶，杨树型蜂胶的样本全部判别准确。检验集中橡树型、桦树型、杨树型蜂胶样本的判别率分别为100%、100%和63.64%；其中橡树型蜂胶和桦树型蜂胶均判别正确，有4个杨树型蜂胶错判，所以杨树型蜂胶的判别率偏低。

表2.3 蜂胶近红外光谱马氏距离判别分析的分类结果

	品种	橡树型蜂胶	桦树型蜂胶	杨树型蜂胶	分类判别率/%	总体判别率/%
校正集（47）	橡树型蜂胶	16	0	1	93.62	93.62
	桦树型蜂胶	0	11	2	84.62	
	杨树型蜂胶	0	0	17	100	
检验集（23）	橡树型蜂胶	6	0	0	100	82.61
	桦树型蜂胶	0	6	0	100	
	杨树型蜂胶	2	2	7	63.64	

（三）典型判别分析

用前两个典型判别函数对各个样品作散点图，如图2.2所示，3个不同品种的蜂胶样品没有相互重叠，能够较好地分开。从图2.2还可以明显地看出，不同品种的蜂胶样品有明显随品种集中的趋势。

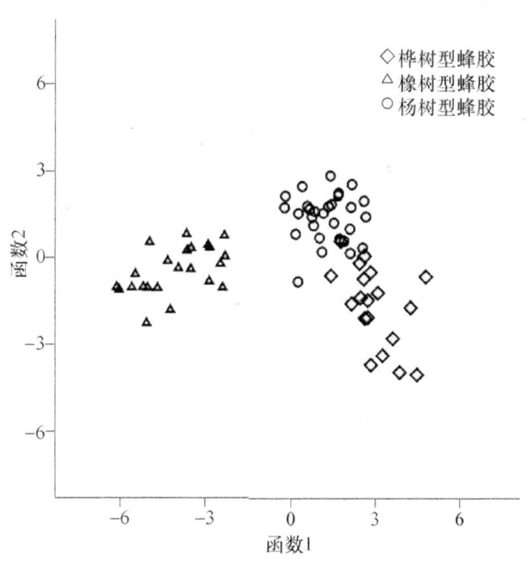

图2.2 蜂胶近红外光谱典型判别分析的分组图

采用前10个主成分因子结合典型判别分析建立蜂胶品种的判别模型，并对模型进行交叉检验。结果如表 2.4 所示，初始对桦树型蜂胶、橡树型蜂胶和杨树型蜂胶的判别率分别为 84.2%、95.7%和 92.9%，交叉验证的判别率分别为 78.9%、91.3%和 92.9%，只有桦树型蜂胶的判别率较低，杨树型蜂胶和橡树型蜂胶的判别结果良好。

表 2.4 蜂胶近红外光谱典型判别分析的分类结果

		品种	桦树型蜂胶	橡树型蜂胶	杨树型蜂胶	总计	总体判别率/%
初始	样本数/个	桦树型蜂胶	16	0	3	19	91.4
		橡树型蜂胶	0	22	1	23	
		杨树型蜂胶	2	0	26	28	
	判别率/%	桦树型蜂胶	84.2	0	15.8	100	
		橡树型蜂胶	0	95.7	4.3	100	
		杨树型蜂胶	7.1	0	92.9	100	
交叉验证	样本数/个	桦树型蜂胶	15	0	4	19	88.6
		橡树型蜂胶	0	21	2	23	
		杨树型蜂胶	2	0	26	28	
	判别率/%	桦树型蜂胶	78.9	0	21.1	100	
		橡树型蜂胶	0	91.3	8.7	100	
		杨树型蜂胶	7.1	0	92.9	100	

四、结果与分析

本实验使用近红外光谱技术结合主成分分析法、马氏距离判别分析法和典型判别分析法对杨树型蜂胶、桦树型蜂胶和橡树型蜂胶进行品种鉴别。马氏距离判别分析法建立的判别模型校正集与检验集总判别率分别是 93.62%和 82.61%，校正集中杨树型蜂胶、桦树型蜂胶和橡树型蜂胶的判别率分别为 100%、84.62%和 93.62%，检验集中杨树型蜂胶、桦树型蜂胶和橡树型蜂胶的判别率分别为 63.64%、100%和 100%。其中，检验集中杨树型蜂胶的判别准确率偏低。典型判别分析的结果显示，初始对桦树型蜂胶、橡树型蜂胶和杨树型蜂胶的判别率分别为 84.2%、95.7%和 92.9%，交叉验证的判别率分别为 78.9%、91.3%和 92.9%，只有桦树型蜂胶的判别率较低，杨树型蜂胶和橡树型蜂胶的判别结果良好。因此，近红外光谱技术结合化学计量学对杨树型蜂胶、桦树型蜂胶和橡树型蜂胶的品种鉴别具有一定的可行性。

主要参考文献

陈兰珍，叶志华，赵静．2012．蜂蜜近红外光谱检测技术［M］．北京：中国轻工业出版社．

陈兰珍，李熠，吴黎明，等．2013．近红外光谱技术在蜂蜜溯源中的研究进展［J］．中国蜂业，(15)：42-43．

陈兰珍，孙谦，叶志华，等．2009．基于神经网络的近红外光谱鉴别蜂蜜品种研究［J］．食品科技，34(8)：287-289．

褚小立．2011．化学计量学方法与分子光谱分析技术［M］．北京：化学工业出版社．

李水芳，单杨，朱向荣，等．2011．近红外光谱结合化学计量学方法检测蜂蜜产地［J］．农业工程学报，27（8）：350-354．

陆婉珍．2007．现代近红外光谱分析技术［M］．2版．北京：中国石化出版社．

严衍录．2005．近红外光谱分析基础与应用［M］．北京：中国轻工业出版社．

杨娟，陈兰珍，薛晓锋，等．2016．近红外光谱技术快速鉴别蜂胶品种的可行性研究［J］．光谱学与光谱分析，36（6）：1717-1720

杨燕，聂鹏程，杨海清，等．2010．基于可见-近红外光谱技术的蜜源快速识别方法［J］．农业工程学报，26（3）：238-242．

钟艳萍，钟振声，陈兰珍，等．2010．近红外光谱技术定性鉴别蜂蜜品种及真伪的研究［J］．现代食品科技，26（11）：1280-1282，1233．

Chen L Z, Wang J H, Ye Z H, et al. 2012. Classification of Chinese honeys according to their floral origin by near infrared spectroscopy [J]. Food Chemistry, 135 (2): 338-342.

ChenL Z, Xue X F, Ye Z H, et al. 2011. Determination of Chinese honey adulterated with high fructose corn syrup by near infrared spectroscopy [J]. Food Chemistry, 128 (4): 1110-1114

Cho H J, Hong S H. 1998. Acacia honey quality measurement by near infrared spectroscopy [J]. Journal of Near Infrared Spectroscopy, 6 (A): 329-331.

Corbella E, Cozzolino D. 2005. Short communication: the use of visible and near infrared spectroscopy to classify the floral origin of honey samples produced in uruguay [J]. Journal of Near Infrared Spectroscopy, 13 (1): 63-68.

Davies A, Radovic B, Fearn T, et al. 2002. A preliminary study on the characterisation of honey by near infrared spectroscopy [J]. Journal of Near Infrared Spectroscopy, 10 (1): 121-135.

Downey G, Fouratier V, Kelly J. 2004. Detection of honey adulteration by addition of fructose and glucose using near infrared transflectance spectroscopy [J]. Journal of Near Infrared Spectroscopy, 11 (1): 447-456.

Dvash L, Afik O, Shafir S, et al. 2002. Determination by near-infrared spectroscopy of perseitol used as a marker for the botanical origin of avocado (*Persea americana* Mill.) honey [J]. Journal of Agricultural and Food Chemistry, 50 (19): 5283-5287.

Escuredo O, González-Martín M I, Rodríguez-Flores M S, et al. 2015. Near infrared spectroscopy applied to the rapid prediction of the floral origin and mineral content of honeys [J]. Food Chemistry, 170 (6): 47-54.

Garcia-Alvarez M, Ceresuela S, Huidobro J F, et al. 2002. Determination of polarimetric parameters of honey by near-infrared transflectance spectroscopy [J]. Journal of Agricultural and Food Chemistry, 50 (3): 419-425.

Herrero L C, Peña Crecente R. M, García M S, et al. 2013. A fast chemometric procedure based on nir data for authentication of honey with protected geographical indication [J]. Food Chemistry, 141 (4): 3559-3565.

Lenhardt L, Zeković I, Dramićanin T, et al. 2014. Authentication of the botanical origin of unifloral honey by infrared spectroscopy coupled with support vector machine algorithm. [J]. Physica Scripta, 162: 14-42.

Qiu P Y, Ding H B, Tang Y K, et al. 1999. Determination of chemical composition of commercial honey by near-infrared spectroscopy [J]. Journal of Agricultural and Food Chemistry, 47 (7): 2760-2765.

Ruoff K, Luginbuhl W, Bogdanov S, et al. 2006. Authentication of the botanical origin of honey by near-infrared spectroscopy [J]. Journal of Agricultural and Food Chemistry, 54 (18): 6867-6872.

Toher D, Downey G, Murphy T B. 2007. A comparison of model-based and regression classification techniques applied to near infrared spectroscopic data in food authentication studies [J]. Chemometrics and Intelligent Laboratory Systems, 89 (2): 102-115.

Woodcock T, Downey G, Kelly J D, et al. 2007. Geographical classification of honey samples by near-infrared spectroscopy: a feasibility study [J]. Journal of Agricultural and Food Chemistry, 55 (22): 9128-9134.

Xu L, Yan S M, Cai C B, et al. 2013. Untargeted detection and quantitative analysis of poplar balata (pb) in chinese propolis by ft-nir spectroscopy and chemometrics [J]. Food Chemistry, 141 (4) , 4132-4137.

第三章　中红外光谱指纹分析技术在蜂产品溯源中的应用

第一节　中红外光谱指纹分析技术简介

一、基本原理及特点

中红外光区是波长为2.5～25μm（4000～400cm^{-1}）的电磁波。中红外光谱（mid infrared spectroscopy，MIR），通常简称为红外光谱（IR），其反映分子的振动情况。当用一定频率的红外光照射某物质分子时，若该物质的分子中某基团的振动频率与它相同，则此物质就能吸收这种红外光，使分子由振动基态跃迁到激发态。因此，若用不同频率的红外光依次通过测定分子时，就会出现不同强弱的吸收现象。通过记录红外光的透过率（T，%）或吸光度（A）与波数或波长关系曲线，就得到红外光谱图。红外光谱具有很高的特征性，每种化合物都具有特征的红外光谱。

红外吸收谱带的强度取决于分子振动时偶极矩的变化，而偶极矩与分子结构的对称性有关。振动的对称性越高，振动中分子偶极矩变化越小，谱带强度也就越弱。一般地，极性较强的基团（如C═O、C─X）等振动，吸收强度较大；极性较弱的基团（如C═C、C─C、N═N等）振动，吸收较弱。红外光谱的吸收强度一般定性地用很强（vs）、强（s）、中（m）、弱（w）和很弱（vw）等表示。按摩尔吸光系数ε的大小划分吸收峰的强弱等级，具体如下：$\varepsilon>100$为非常强峰（vs）；$20<\varepsilon<100$为强峰（s）；$10<\varepsilon<20$为中强峰（m）；$1<\varepsilon<10$为弱峰（w）。

物质的红外光谱是其分子结构的反映，谱图中的吸收峰与分子中各基团的振动形式相对应。多原子分子的红外光谱与其结构的关系，一般是通过比较大量已知化合物的红外光谱，从中总结出各种基团的吸收规律。实验表明，组成分子的各种基团，如O─H、N─H、C─H、C─C、C─OH和C≡C等，都有自己特定红外的吸收区域，分子的其他部分对其吸收位置影响较小。不同分子中同一类型的化学基团，在红外光谱中的吸收频率总是出现在一个较窄的范围内，通常把这种吸收谱带的频率称为基团频率，其所在的位置一般又称为特征吸收峰。

中红外光谱区可分成4000～1300cm^{-1}和1800（1300）～600cm^{-1}两个区域。其中4000～1300cm^{-1}的区域称为基团频率区、官能团区或特征区。区内的峰是收缩振动产生的吸收带，比较稀疏，容易辨认，常用于鉴定官能团。在1800（1300）～600cm^{-1}区域内，除单键的伸缩振动外，还有因变形振动产生的谱带，这种振动与分子结构有关。当分子结构稍有不同时，该区的吸收就有细微的差异，并显示出分子特征，像人的指纹一样，因此称为指纹区。指纹区对于指认结构类似的化合物很有帮助，而且可以作为化合物存在某种基团的旁证。

中红外光谱指纹分析技术是利用有机物在中红外光谱区的电磁波的光学特性，通过研究有机化学物分子的振动跃迁基频，为实现化学物结构鉴定提供信息的一种光谱指纹分析技术。检测到的是分子振动的基频吸收，优于近红外的检测限1～2个数量级。中红外光谱指纹分析技术同样具备近红外采集数据速度快、前处理简单、无损、信息量大、更加具体化地显示样本信息等优点。此外，中红外光谱受水分影响较小，并且能够反映出样本分子振动基频和合频的强吸收，以及更强的分辨率与采集信息的能力。通常红外吸收带的波长位置与吸收谱带的强度，反映分子结构的特点，可以用来鉴定未知物的结构组成或确定其化学基团；而吸收谱带的吸收强度与分子组成或化学基团的含量有关，可用以进行定量分析和纯度鉴定。因此，中红外光谱法是鉴定化合物和测定分子结构最有用的方法之一。

二、红外光谱仪

早期的红外光谱仪为棱镜光谱、光栅光谱。前者是基于棱镜对红外辐射的色散而实现分光的，其缺点是光学材料制造麻烦，分辨率较低，而且仪器要求严格的恒温降湿；后者是基于光栅的衍射而实现分光的，分辨能力大大提高，且能量较高，价格便宜，对恒温、恒湿要求不高。随着电子学、光学和电子计算机的迅速发展，20世纪70年代后，傅里叶变换红外光谱仪的出现，是一次革命性的飞跃。该类仪器不用棱镜或者光栅分光，而是用干涉仪得到干涉图，采用傅里叶变换将以时间为变量的干涉图变换为以频率为变量的光谱图。与传统的仪器相比，傅里叶红外光谱仪具有快速、高信噪比和高分辨率等特点，更重要的是傅里叶变换催生了许多新技术，如步进扫描、时间分辨和红外成像等。这些新技术大大拓宽了红外的应用领域，使得红外技术的发展产生了质的飞跃。本节以傅里叶红外光谱仪为例，介绍仪器主要组成及特点。

傅里叶变换红外（FTIR）光谱仪主要由光源、迈克耳孙干涉仪、样品室、检测器和计算机等组成，其光学系统核心部分是迈克耳孙干涉仪，主要由动镜、定镜和分束器三个部件组成。常用的光源有碳硅棒和陶瓷光源两类。检测器有氘化硫酸三甘氨酸（deuterated triglycine sulfate，DTGS）和汞镉碲（mercury cadmium telluride，MCT）检测器。根据傅里叶变换基本原理，即利用迈克耳孙干涉仪将两束光程差按一定速度变化复色红外光相互干涉，形成干涉光，再与样品作用；检测器将得到干涉信号送入计算机进行傅里叶变换，把干涉图还原成光谱图。仪器性能指标主要包括分辨率、波数准确性和重复性、信噪比等。

根据被测样品的状态和物料性质不同，红外光谱仪配有多种测量附件以适应不同对象的需要，如透射、镜面反射、漫反射、衰减全反射、光纤探头等。例如，衰减全反射（attenuated total reflectance，ATR）测量附件是最常用的液体样品测量附件，ATR主要由折射率很高材料组成如ZnSe或Ge等晶体制成全反射棱镜

（图 3.1）。进入样品的光，吸收频率因样品吸收而强度减弱，无吸收频率全部反射。由于频率被吸收，ATR 信号减弱，被设计为多次内反射，使光多次接触样品以改善信噪比。其特点是上样和清洗操作简单、无需前处理、不破坏样品、可测定液体和小颗粒样品、特征谱带清晰，几乎完全与透射谱带一致。

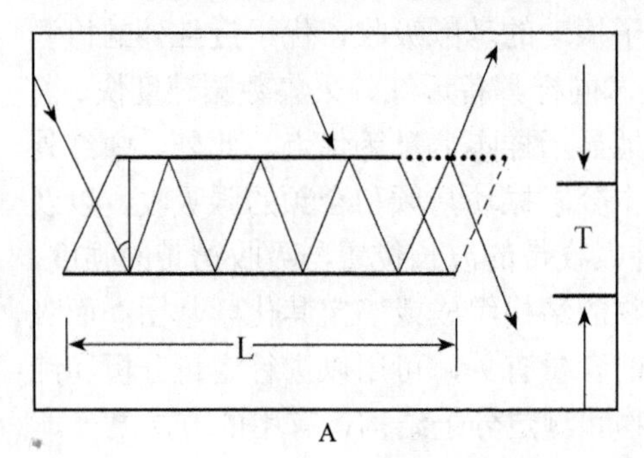

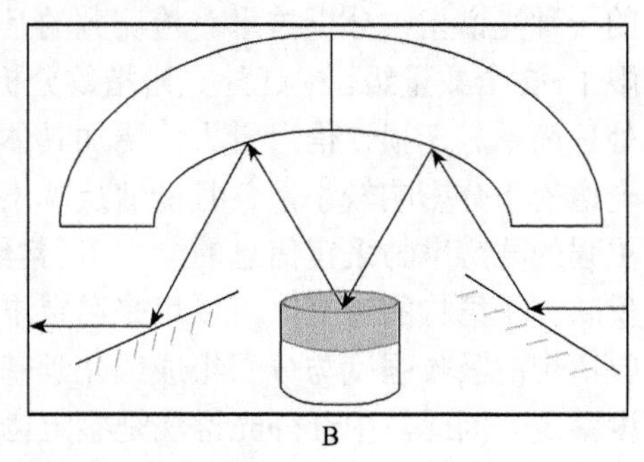

图 3.1　衰减全反射附件和漫反射附件光路图

A．ATR 附件多次反射光路图；B．DR 附件光路图

漫反射（diffuse reflectance，DR）附件主要用于测量细颗粒和粉末状样品（图 3.1）。样品被放置在样品杯中，红外光束从右侧照射到平面镜 M1 上，然后反射到椭圆球面 A，其将光束聚光后照到样品上；样品表面反射出漫反射光又被 M2 收集聚焦后，经平面镜 M2 转向检测器。漫反射样品粒度需控制在 2～5μm，粒度越小，镜面反射少，漫反射越多，测量灵敏度越高。

三、在蜂产品溯源中的应用进展

中红外光谱指纹分析技术以其前处理简单、测定快速等特点，得到许多研究者青睐。尤其是化学计量学方法在提取光谱信息和排除背景干扰方面取得良好效果后，使中红外光谱在食品领域中应用更加广泛。随着计算机技术的进步，中红外光谱技术结合化学计量学分析方法在农产品品种和产地鉴别方面得到了很好的应用。

国内外也有关于中红外光谱指纹分析技术在蜂产品品种鉴别领域中的相关文献。Bertelli 等采用中红外光谱技术结合主成分分析、判别分析、分类树分析鉴别来自意大利的洋槐蜜、板栗蜜、柑橘蜜、杂花蜜共 82 个样品，判别分析建立的校正模型和验证模型的判别准确率均达到 100%。Etzold 等利用中红外光谱技术和主成分分析对蜂蜜品种进行鉴别，结果显示，大多数油菜蜜、刺槐蜜、石南蜜和甘露蜜可以被准确地鉴别出来。Seher 等以聚类分析（HCA）和主成分分析（PCA）作为主要的分类方法，用中红外光谱技术对来自土耳其的 144 个蜂蜜样品进行了植物源分类，可以分别鉴定出板栗蜜、杜鹃蜜、雪松蜜以及掺入糖浆的蜂蜜样本。

对蜂蜜植物源的判别研究表明，中红外光谱结合多变量分析技术对不同植物源蜂蜜进行鉴定和分类具有可行性。然而，国内相关文献较少。本书作者近几年分别建立了基于中红外光谱指纹分析技术的蜂蜜、蜂胶品种鉴别方法，通过中红外光谱图结合主成分分析和典型判别分析建立了识别模型，实现了对蜂蜜、蜂胶品种快速鉴别。具体内容与方法见本章第二节。

第二节　中红外光谱指纹分析技术鉴别蜂蜜和蜂胶品种

一、实验材料与主要仪器设备

（一）实验材料

本实验的蜂蜜样本总数为388个，共计5个品种，包括荔枝蜜144个、椴树蜜39个、洋槐蜜85个、油菜蜜74个和荆条蜜46个，均从蜂场直接采集。为了保证蜂蜜样品的单一性，所选取的蜂场5km范围内为单一蜜源植物。采样时间为2013～2015年，所有的样品均保存在4℃冰箱中。对于结晶蜂蜜样品在进行光谱采集前均放在40℃水浴锅中进行溶解并搅拌至均匀，之后置于25℃室温下静置，直至降到室温后进行光谱的采集。样本信息见表3.1。

表3.1　蜂蜜样品品种产地

品种	产地	颜色	结晶	数量
荔枝蜜	福建省、广东省、广西壮族自治区、海南省、云南省	琥珀色	不易结晶	144
椴树蜜	吉林省、辽宁省	浅琥珀色	易结晶	39
洋槐蜜	湖北省、辽宁省、山东省、陕西省	浅白色	不易结晶	85
油菜蜜	湖北省、四川省、江苏省	浅琥珀色，略浑浊	易结晶	74
荆条蜜	北京市、河北省	半透明琥珀色	易结晶	46

实验中所使用的蜂胶样品均采集于2013～2015年，总计3个品种74个样本，包括2个蜂胶品种和1个熬制树胶品种。其中杨树型蜂胶样品32个采集于河南省和辽宁省，桦树型蜂胶37个采集于吉林省吉林市，熬制的树胶样本15个，储存在－18℃冰柜中。

（二）主要仪器设备

VERTEX 70型傅里叶变换中红外光谱仪（配有全衰减漫反射附件）、HY-04B高速粉碎机。

分析软件：Matlab R2009b、SPSS 19.0和TQ Analyst V6.0。

二、光谱采集与仪器条件

（一）光谱采集

每次进行蜂蜜、蜂胶样品中红外光谱数据采集前，都以空气为背景进行背景扫描以扣除外界干扰。

使用一次性滴管吸取液态蜂蜜样品，滴一滴于样品槽上并检查是否存在气泡，若存在气泡需重新上样。每个样品进行 3 次数据采集，每次光谱采集后用纯水对样品槽进行清洗。

将蜂胶样本从冰箱中取出，使用粉碎机迅速粉碎，将粉末过 100 目筛。在进行光谱扫描时，将蜂胶粉末置于样品槽中，压实。每个样本进行 3 次光谱数据采集。

（二）仪器条件

蜂蜜、蜂胶样品的光谱采集条件：扫描范围为 4000～600cm^{-1}；分辨率为 4cm^{-1}；扫描次数：蜂蜜样品 64 次、蜂胶样品 16 次。

三、蜂蜜中红外光谱数据处理与分析

（一）蜂蜜的原始光谱图

由样本的原始光谱图 3.2 可知，5 个蜂蜜品种的光谱图波峰位置与波峰的走势相同。在 3295cm^{-1} 和 1650cm^{-1} 附近是 H_2O 中 O—H 键弯曲振动和伸缩振动峰；附近振动频率在 1800～750cm^{-1} 的范围内是中红外的指纹图谱区，信息量丰富，可以反映多种官能团的信息。振动频率在 815cm^{-1} 附近为与糖类异构体有关的振动峰；1034～1023cm^{-1} 为 C—O 的伸缩振动峰；振动频率在 1253cm^{-1} 附近的为 O—C—H、C—C—H 和 C—O—H 键弯曲振动，与文献的报道一致（Garcia et al.，2010；Dukor et al.，2001；Bertelli et al.，2007）。根据光谱信息很难直接对蜂蜜样本进行品种分类，需要对光谱数据进行进一步的化学计量学分析。

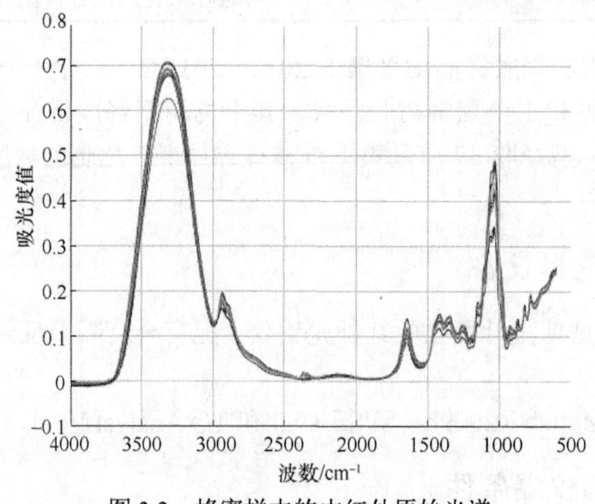

图 3.2　蜂蜜样本的中红外原始光谱

（二）主成分分析

利用 OPUS 分析软件将每个样品的 3 个光谱数据进行处理取得光谱平均值，

用于光谱数据的分析。为了最大限度地获取有效信息，需要消除基线漂移、高频随机噪声等因素对光谱的影响，并需要对原始光谱数据进行一定光谱预处理。本实验选取的光谱预处理方法是自动优化。

用 Matlab R2009b 软件对样品光谱数据进行主成分分析，得到其中前 10 个主成分的累计方差贡献率，如图 3.3 所示。由图 3.3 可知，方差累计贡献率随因子个数的增加而增大，其中前 10 个主成分得分累计贡献率达到 99.28%，基本可以涵盖样品原光谱绝大部分特征信息，因此选择前 10 个主成分因子作为建立判别分析模型的依据。

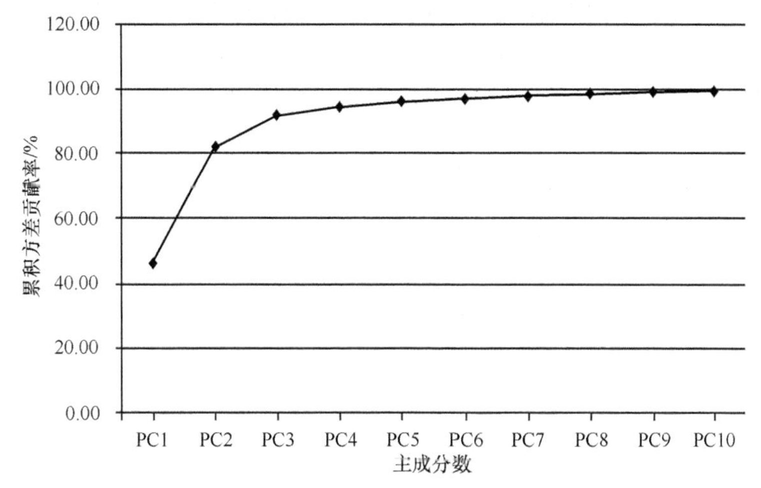

图 3.3　蜂蜜中红外光谱前 10 个主成分的累计方差贡献率

根据第一主成分和第二主成分得分，做蜂蜜样品中红外光谱主成分得分散点图，从图 3.4 中可发现，只有荔枝蜜样品的集中趋势比较明显，且与其他蜂蜜样

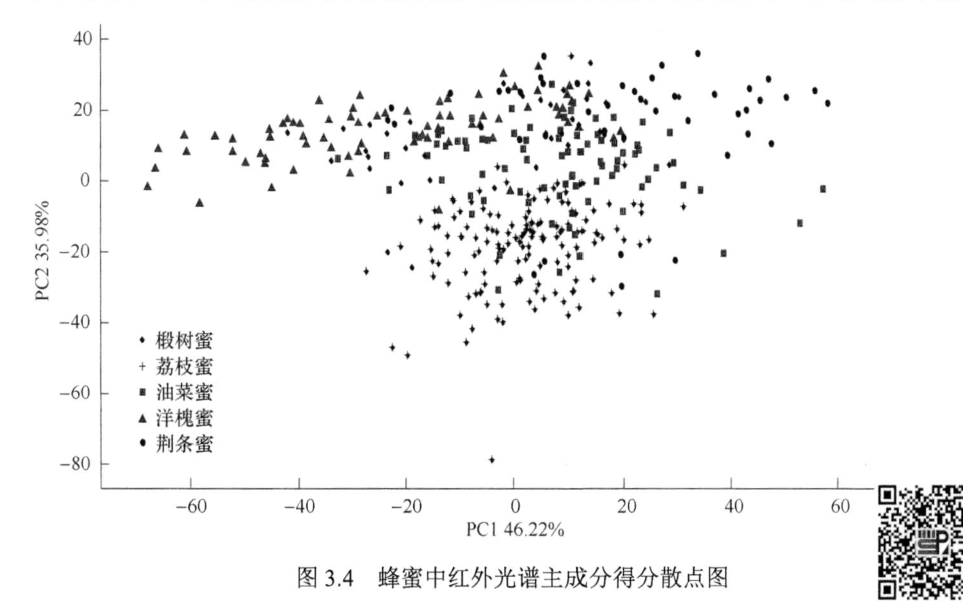

图 3.4　蜂蜜中红外光谱主成分得分散点图

品可以区分，但是荔枝蜜中仍然混有其他的蜂蜜样品。其余 4 种蜂蜜的交叉现象比较严重，各自品种的聚集趋势并不是很明显。需进行进一步的数据分析。

（三）典型判别分析结果

利用 SPSS 软件对 5 种蜂蜜进行典型判别分析，并对结果进行交叉检验。典型判别分析的结果如表 3.2 所示，初始的总体判别率为 97.9%，其中荔枝蜜、洋槐蜜、油菜蜜、荆条蜜和椴树蜜的判别率分别为 100%、95.3%、98.6%、100%和 92.3%；交叉验证的总体的判别率为 96.6%，其中荔枝蜜、洋槐蜜、油菜蜜、荆条蜜和椴树蜜的判别率分别为 100%、91.8%、98.6%、95.7%和 92.3%。由判别结果可知 5 种蜂蜜的判别率均高于 90%。

表 3.2　5 个蜂蜜品种中红外光谱典型判别分析结果

品种			荔枝蜜	洋槐蜜	油菜蜜	荆条蜜	椴树蜜	总体判别率/%
初始	样本数/个	荔枝蜜	144	0	0	0	0	97.9
		洋槐蜜	0	81	0	4	0	
		油菜蜜	0	0	73	1	0	
		荆条蜜	0	0	0	46	0	
		椴树蜜	0	0	0	3	36	
	判别率/%	荔枝蜜	100	0	0	0	0	
		洋槐蜜	0	95.3	0	4.7	0	
		油菜蜜	0	0	98.6	1.4	0	
		荆条蜜	0	0	0	100	0	
		椴树蜜	0	0	0	7.7	92.3	
交叉验证	样本数/个	荔枝蜜	144	0	0	0	0	96.6
		洋槐蜜	0	78	1	5	1	
		油菜蜜	0	0	73	1	0	
		荆条蜜	0	1	0	44	1	
		椴树蜜	0	0	0	3	36	
	判别率/%	荔枝蜜	100	0	0	0	0	
		洋槐蜜	0	91.8	1.2	5.9	1.2	
		油菜蜜	0	0	98.6	1.4	.0	
		荆条蜜	0	2.2	0	95.7	2.2	
		椴树蜜	0	0	0	7.7	92.3	

图 3.5 为基于典型判别分析的蜂蜜样品分类散点图。由图 3.5 可知，5 种蜂蜜样品均有围绕组质心聚集的趋势。其中，图中最右侧的荔枝蜜的聚集趋势十分明显，且组质心与其他 4 种蜂蜜样品相距较远，可以明显与其他 4 种蜂蜜区分开，这也与判别分析的数据结果相吻合。油菜蜜、椴树蜜、洋槐蜜和荆条蜜样品，虽然也有围绕组质心集中的趋势，但是组质心相距较近。其中荆条蜜的样本较分散，并且荆条蜜与洋槐蜜和椴树蜜的样本之间有部分重叠，所以这 3 个蜂蜜品种的判别准确率相对较低。但是从图 3.5 中还可以看出荔枝蜜、荆条蜜和油菜蜜的组质心相对较远。因此，需继续建立判别 3 个蜂蜜品种的模型。

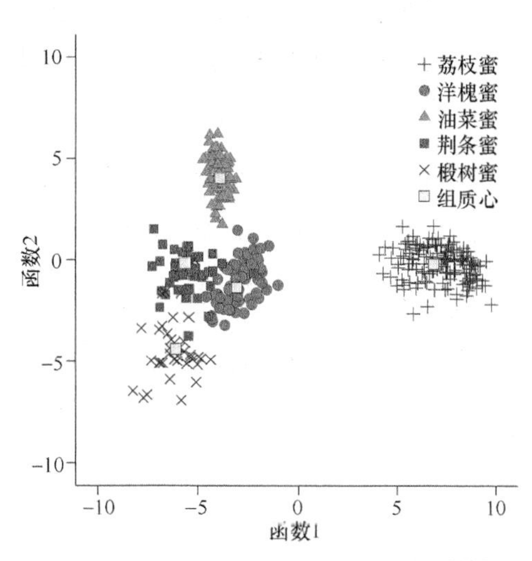

图 3.5　蜂蜜中红外光谱典型判别分析得分图

（四）典型判别分析鉴别荔枝蜜、荆条蜜和油菜蜜

利用 SPSS 软件对荔枝蜜、荆条蜜和洋槐蜜进行典型判别分析，结果如表 3.3 所示。总体判别率均为 98.9%，其中荔枝蜜、荆条蜜和油菜蜜的判别率分别为 100%、97.8%和 97.3%，判别效果均较好。

表 3.3　3 个蜂蜜品种中红外光谱典型判别分析结果

品种			荔枝蜜	荆条蜜	油菜蜜	总计	总体判别率/%
初始	样本数/个	荔枝蜜	144	0	0	144	98.9
		荆条蜜	0	45	1	46	
		油菜蜜	0	2	72	74	
	判别率/%	荔枝蜜	100	0	0	100	
		荆条蜜	0	97.8	2.2	100	
		油菜蜜	0	2.7	97.3	100	
交叉验证	样本数/个	荔枝蜜	144	0	0	144	98.9
		荆条蜜	0	45	1	46	
		油菜蜜	0	2	72	74	
	判别率/%	荔枝蜜	100	0	0	100	
		荆条蜜	0	97.8	2.2	100	
		油菜蜜	0	2.7	97.3	100	

由典型判别分析散点图 3.6 也可以看出，3 个蜂蜜品种的组质心相对较远，并且随各自组质心聚集的趋势非常明显。虽然荆条蜜与油菜蜜样本之间仍有交叉，但是分类效果比较明显。

四、蜂胶中红外光谱数据处理与分析

（一）蜂胶中红外光谱图

图 3.7 为 3 种蜂胶样品的中红外原始光谱图，横坐标为波数，纵坐标为吸光度值。由图 3.7 可以看出，每个蜂胶样品的中红外光谱图走势极为相似，只是吸光度值存在一定的差异，从肉眼上看，各个蜂胶样本间无明显差异。因此，需要进一步进行化学计量学分析。

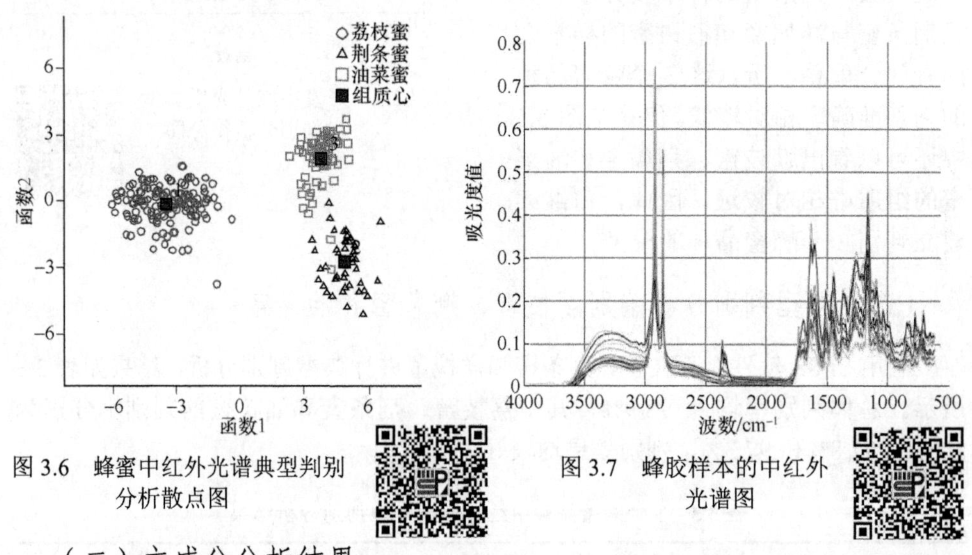

图 3.6 蜂蜜中红外光谱典型判别分析散点图

图 3.7 蜂胶样本的中红外光谱图

（二）主成分分析结果

对蜂胶的原始光谱数据进行主成分分析，结果如表 3.4 所示。前 10 个主成分的累计方差贡献率为 99.46%，说明光谱数据信息的共线性比较严重，主成分压缩降维的效果明显。每个蜂胶样品的前 10 个主成分能够表征绝大部分的样品信息。

表 3.4 蜂胶中红外光谱前 10 个主成分的累计方差贡献率

主成分	PC1	PC2	PC3	PC4	PC5	PC6	PC7	PC8	PC9	PC10
累计方差贡献率/%	77.95	90.49	93.95	95.81	96.84	97.75	98.53	98.94	99.23	99.46

图 3.8 表示蜂胶样本的第一和第二主成分得分散点图，图中横坐标表示每个样本的第一主成分得分值，纵坐标表示每个样本的第二主成分得分值。从图 3.8 中可以明显看出熬制树胶样品与杨树型蜂胶样品和桦树型蜂胶样品相距较远，可

以明显地区分开，但是杨树型蜂胶样品和桦树型蜂胶样品交叠比较严重，区分效果不明显，需进行进一步的数据分析。

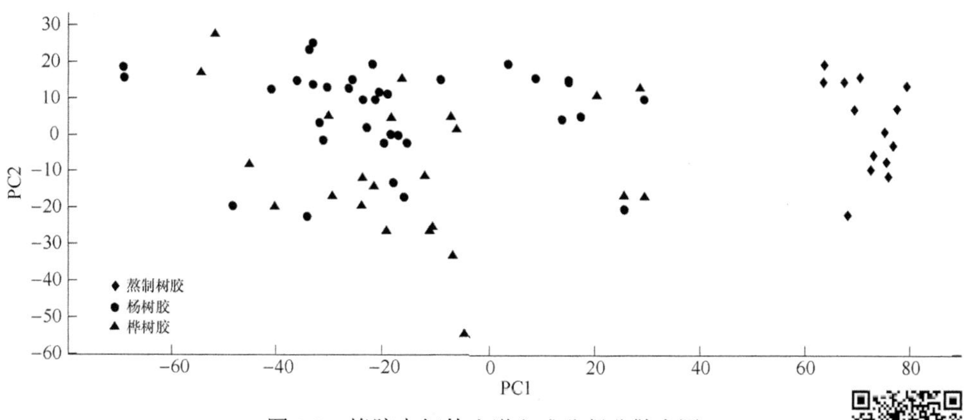

图 3.8　蜂胶中红外光谱主成分得分散点图

（三）聚类分析

聚类分析（hierarchical clustering analysis）的主要作用是大致判别样本的总体情况，是一种无监督模式的判别方法。对 3 种蜂胶共 84 个样本中红外光谱数据进行聚类分析。桦树型蜂胶：1～37 号（37 个），杨树型蜂胶：38～69 号（32 个），熬制树胶：70～84 号（15 个）。分析结果如图 3.9 所示，其中错判的样本总数为 5 个，熬制树胶的样本错判数为 0 个。在错判的样品中，5 个样本错判情况均为桦树型蜂胶被错判为杨树型蜂胶，样本编号分别为 1、7、27、30 和 31；其中桦树型蜂胶的样本判别全部正确。从聚类分析的结果可以看出，中红外光谱指纹分析技术可以对杨树型蜂胶、桦树型蜂胶和熬制树胶进行较好的分类。

（四）典型判别分析结果

图 3.10 为基于典型判别分析的蜂胶分类结果图。从图 3.10 中可知，杨树型蜂胶和桦树型蜂胶样品聚集趋势比较明显，分类效果比较好。

表 3.5 为典型判别分析的结果。由表 3.5 可知总体判别率分别为 97.6%和 96.4%。桦树型蜂胶、杨树型蜂胶和熬制树胶的判别率分别为 94.6%、100%和 100%；交叉验证结果中 3 个蜂胶品种的判别率分别为 91.9%、100%和 100%。杨树型蜂胶和熬制树胶的样本错误判别数均为 0，只有 2 个桦树型蜂胶错判为杨树型蜂胶。3 个品种的判别率均较高，分类效果良好。

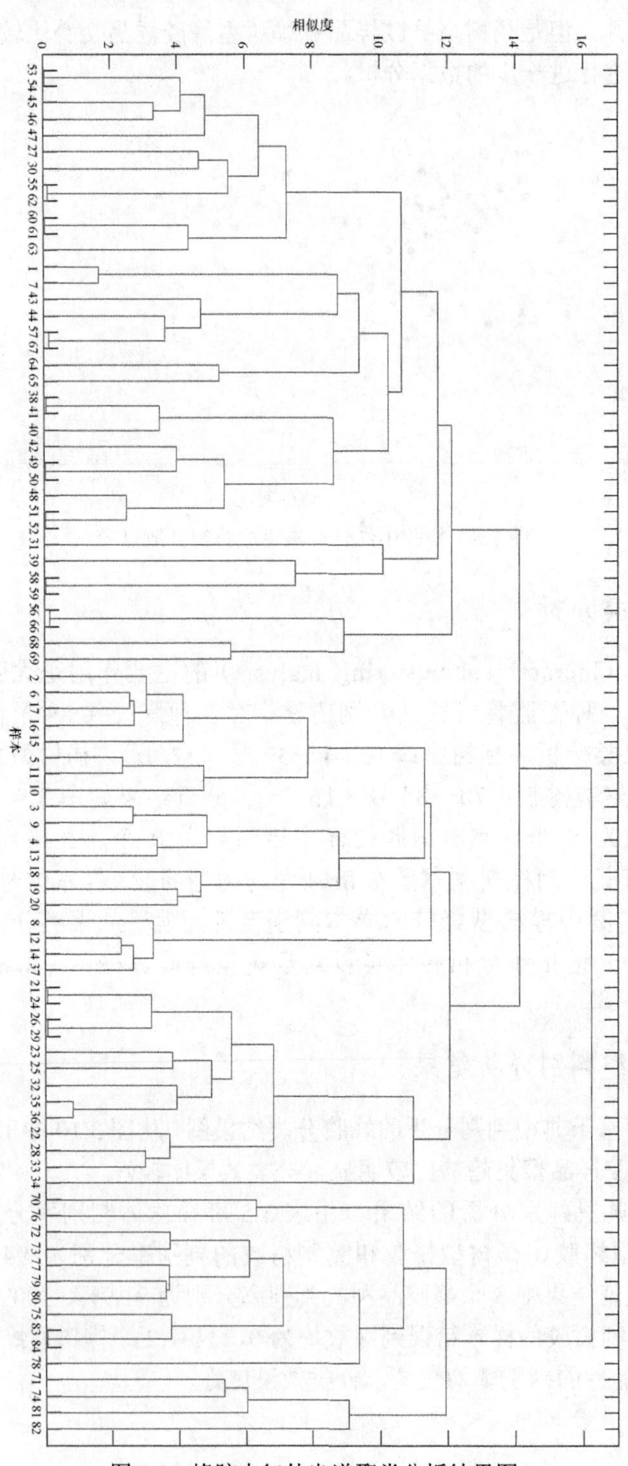

图 3.9　蜂胶中红外光谱聚类分析结果图

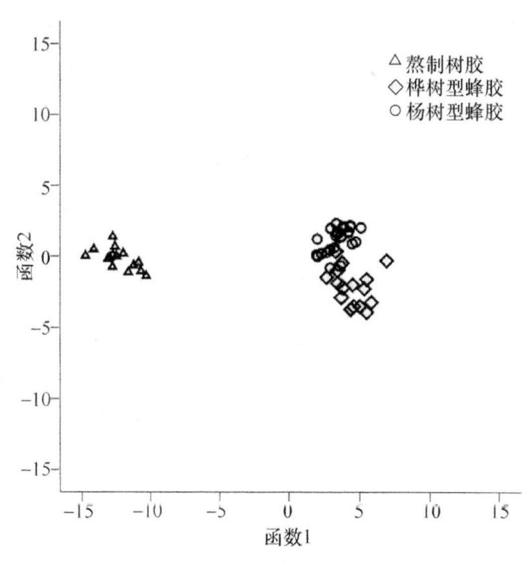

图 3.10 蜂胶中红外光谱典型判别分析散点图

表 3.5 蜂胶中红外光谱典型判别分析结果

品种			桦树型蜂胶	杨树型蜂胶	熬制树胶	总计	总体判别率/%
初始	样本数/个	桦树型蜂胶	35	2	0	37	97.6
		杨树型蜂胶	0	32	0	32	
		熬制树胶	0	0	15	15	
	判别率/%	桦树型蜂胶	94.6	5.4	0	100	
		杨树型蜂胶	0	100	0	100	
		熬制树胶	0	0	100	100	
交叉验证	样本数/个	桦树型蜂胶	34	3	0	37	96.4%
		杨树型蜂胶	0	32	0	32	
		假胶	0	0	15	15	
	判别率/%	桦树型蜂胶	91.9	8.1	0	100	
		杨树型蜂胶	0	100	0	100	
		熬制树胶	0	0	100	100	

（五）马氏距离判别分析

用马氏距离判别法对蜂胶中红外光谱信息进行提取，建立蜂胶品种分类模型。表 3.6 为马氏距离判别分析结果，按照 2∶1 的比例将蜂胶样品分为校正集和检验集，校正集样本 56 个，检验集样本为 28 个。通过不同光谱预处理方法分别建立模型，结果发现，采用无光谱预处理方法建模效果最佳，校正集与检验集的总体判别准确率分别为 94.64%和 89.29%。在校正集中，桦树型蜂胶、杨树型蜂胶和熬制树胶的判别准确率分别 88%、100%和 100%；其中有 3 个桦树型蜂胶样本被错判为杨树型蜂胶，杨树型蜂胶和熬制树胶的错判数均为 0。在检验集中，桦树型蜂胶、杨树型蜂胶和熬制树胶的判别准确率分别为 88.3%、90.91%和 100%；其中有 2 个桦树型蜂胶被错判为杨树型蜂胶，有 1 个杨树型蜂胶被错判为桦树型蜂胶，熬制树胶的样本全部判别正确。结果显示，判别准确率较高，判别效果良好。

表 3.6 蜂胶中红外光谱马氏距离判别结果

	品种	桦树型蜂胶	杨树型蜂胶	熬制树胶	分类判别率/%	总体判别率/%
校正集（n=56）	桦树型蜂胶	22	3	0	88	94.64
	杨树型蜂胶	0	31	0	100	
	熬制树胶	0	0	15	100	
检验集（n=28）	桦树型蜂胶	10	2	0	88.3	89.29
	杨树型蜂胶	1	10	0	90.91	
	熬制树胶	0	0	5	100	

五、结果与讨论

本实验利用中红外光谱技术结合化学计量学方法对荔枝蜜、洋槐蜜、油菜蜜、椴树蜜和荆条蜜进行快速品种鉴别。典型判别分析结果显示，5 个蜂蜜品种总体判别率均达到了 95%以上。荔枝蜜和油菜蜜的鉴别效果最明显，荆条蜜与洋槐蜜之间有样本交叠现象，椴树蜜样本较为分散。进一步利用典型判别分析对荔枝蜜、荆条蜜和油菜蜜进行品种鉴别。结果显示，总体判别率均达到了 98%以上，并且 3 个蜂蜜样本之间的组质心相对较远，各自样本聚集趋势比较明显。因此，利用中红外光谱技术可以对荔枝蜜、荆条蜜和油菜蜜进行有效的品种鉴别。

本实验采用中红外光谱指纹分析技术结合主成分分析方法、聚类分析法、典型判别分析法和马氏距离判别分析法对杨树型蜂胶、桦树型蜂胶和熬制树胶进行品种鉴别。聚类分析结果显示，对熬制树胶可以全部判别正确，只有 5 个桦树型蜂胶错判为杨树型蜂胶。典型判别分析结果显示，总体判别率分别为 97.6%和 96.4%，熬制树胶与杨树型蜂胶的样本均被判别正确，桦树型蜂胶判别率高于 90%。马氏距离判别法结果显示，校正集和检验集的总体判别率分别为 94.64%和 89.29%，校正集中杨树型蜂胶与熬制树胶样本判别率均为 100%，有 3 个桦树型蜂胶被判别为杨树型蜂胶，判别率为 88%；检验集中，熬制树胶的样本判别率为 100%，有 2 个桦树型蜂胶样本被错误判别为杨树型蜂胶，1 个杨树型蜂胶样本被错判为桦树型蜂胶，两种蜂胶的判别率均可达到 88%以上。综合典型判别分析与马氏距离判别分析结果可知，中红外光谱技术对杨树型蜂胶、桦树型蜂胶和熬制树胶的判别效果良好，具有一定的可行性。

主要参考文献

陈兰珍，张妍楠，吴黎明，等. 2014. 中红外光谱结合线性判别分析快速鉴别蜂蜜品种 [J]. 食品科技，(11)：310-314.

褚小立. 2011. 化学计量学方法与分子光谱分析技术 [M]. 北京：化学工业出版社.

王喜贵，施和平. 2000. 傅里叶变换红外光谱的特点及其应用 [J]. 光谱仪器与分析，(1)：49-51.

翁诗甫. 2010. 傅里叶变换红外光谱分析 [M]. 2 版. 北京：化学工业出版社.

吴瑾光. 1994. 近代傅里叶变换红外光谱技术及应用 [M]. 北京：科学技术文献出版社.

Bertelli D, Plessi M, Sabatini A G, et al. 2007. Classification of Italian honeys by mid-infrared diffuse reflectance spectroscopy (DRIFTS) [J]. Food Chemistry, 101 (4): 1565-1570.

Etzold E, Lichtenberg Kraag B. 2008. Determination of the botanical origin of honey by Fourier-transformed infrared spectroscopy: an approach for routine analysis [J]. European Food Research and Technology, 227 (2): 579-586.

Kaspar R, Werner L, Raphael K U N, et al. 2006. Authentication of the Botanical and Geographical Origin of Honey by Mid-Infrared Spectroscopy [J]. Journal of Agricultural and Food Chemistry, 54 (18): 6873-6880.

Kelly J D, Petisco C, Downey G. 2006. Application of Fourier transform midinfrared spectroscopy to the discrimination between Irish artisanal honey and such honey adulterated with various sugar syrups [J]. Journal of Agricultural and Food Chemistry. 54 (17): 6166-6171.

Kelly J F, Downey G, Fouratier V. 2004. Initial study of honey adulteration by sugar solutions using mid infrared (MIR) spectroscopy and chemometrics [J]. Journal of Agricultural and Food Chemistry, 52 (1): 33-39.

Pataca L C, Neto W B, Marcucci M C, et al. 2007. Determination of apparent reducing sugars, moisture and acidity in honey by attenuated total reflectance-Fourier transform infrared spectrometry [J]. Talanta, 71 (5): 1926-1931.

Ruoff K, Luginbuhl W, Kunzli R, et al. 2006. Authentication of the botanical and geographical origin of honey by mid-infrared spectroscopy [J]. J. Agric Food Chem, 54 (18): 6873-6880.

Seher G, Mete S, Erik G, et al. 2014. Differentiation of anatolian honey samples from different botanical origins by ATR-FT-IR spectroscopy using multivariate analysis [J]. Food Chemistry, 170: 234-240.

Svečnjak L, Bubalo D, Baranović G, et al. 2015. Optimization of FTIR-ATR spectroscopy for botanical authentication of unifloral honey types and melissopalynological data prediction [J]. European Food Research and Technology, 240 (6): 1101-1115.

Tewari J C, Irudayaraj J M. 2005. Floral classification of honey using mid-infrared spectroscopy and surface acoustic wave based z-Nose Sensor [J]. Journal of Agricultural and Food Chemistry, 53 (18): 6955-6966.

Tewari J C, Irudayaraj J M. 2004. Quantification of saccharides in multiple floral honeys using fourier transform infrared microattenuated total reflectance spectroscopy [J]. Journal of Agricultural and Food Chemistry, 52 (11): 3237-3243.

Wilson R H, Tapp H S. 1999. Mid-infrared spectroscopy for food analysis: recent new applications and relevant developments in sample presentation methods [J]. Trac Trends in Analytical Chemistry, 18 (2): 85-93.

第四章　拉曼光谱指纹分析技术在蜂产品溯源中的应用

第一节　拉曼光谱指纹分析技术简介

一、基本原理及特点

拉曼光谱（Raman spectrum）是1928年印度物理学家Raman发现并命名的，是一种基于拉曼散射效应的光谱。单色光束的入射光光子与分子之间相互作用时可发生弹性碰撞和非弹性碰撞，在弹性碰撞过程中，光子与分子间没有能量交换，光子只改变运动方向而不改变频率，这种散射过程便被定义为瑞利散射。拉曼散射是指当入射光照射到样品分子时，发生非弹性碰撞。非弹性碰撞过程中，光子与分子之间发生能量交换，光子改变运动方向的同时将一部分能量传递给分子，或者分子的振动和转动将能量传递给光子，从而改变了光子的频率，最终导致散射光的频率发生变化。目前，拉曼散射分为斯托克斯散射和反斯托克斯散射，常见的拉曼实验检测到的是斯托克斯散射，而拉曼散射光和瑞利光的频率之差值称为拉曼位移。拉曼位移是指分子振动或转动频率，它与入射线频率无关，与分子结构有关。拉曼谱线的数目、位移值的大小和谱带的强度等都与物质分子振动和转动能级有关，因而每一种物质有其独特的拉曼光谱。

根据拉曼散射光产生的机制可知，拉曼散射光的强度与入射光照射到的物质的分子数成正比。斯托克斯拉曼散射光的强度与处于中低基态的分子数成正比，反斯托克斯拉曼散射光的强度与处于中高基态的分子数成正比。热平衡时，处于某一振动能级的分子数目相对于另外一能级的分子数目之比服从玻耳兹曼（Boltzman）分布：

$$N_2/N_1=g_2/g_1\exp[-(\Delta E)/KT]$$

式中，N_2和N_1分别表示处于较高和较低能级的分子数；g_2和g_1分别表示较高和较低能级的简并度；ΔE表示能级的变化量；K表示玻耳兹曼常数；T表示热平衡时的绝对温度。处于热平衡位置时，低能级的分子数总是大于次高能级的分子数，因此斯托克斯拉曼散射光的强度总是大于反斯托克斯拉曼散射光的强度。通常所说的拉曼散射都是指斯托克斯拉曼散射。

拉曼光谱产生的原理和机制都与红外光谱不同，但它提供的结构信息却是类似的，都是关于分子内部各种简正振动频率及有关振动能级的情况，从而可以用来鉴定分子中存在的官能团。红外光谱产生的原因是分子偶极矩变化，而拉曼光谱则是因为分子极化率变化诱导产生的，它的谱线强度取决于相应的简正振动过程中极化率的变化的大小。在某些物质的分子结构分析中，红外光谱仪无法检测的信息在拉曼光谱能很好地表现出来。因此，拉曼光谱与红外光谱常常被用来互补分析研究。

拉曼散射光谱的优点在于能提供直接无损伤的定量、定性分析，对样品的进样处理无特殊要求，对样品数量需求少，可以是毫克甚至微克的数量级。不受水分子振动的影响，可直接测量水溶液样品，可应用于活体生物的检测。近年来，拉曼光谱也被逐渐广泛应用于食品研究领域。拉曼光谱的不足之处在于其极易受荧光干扰，样品一旦产生荧光，拉曼光谱将直接被荧光覆盖，样品的拉曼信号将无法检测到。其次，拉曼光谱的灵敏度也是较其他检测仪器的一大劣势。

随着光学仪器的发展，激光技术和纳米技术的成熟，为获取特定的拉曼信息、提高检测灵敏度和空间分辨率等，拉曼光谱产生了多种不同的分析技术，如激光共振拉曼光谱（RRS）、表面增强拉曼光谱（SERS）、傅里叶变换拉曼光谱（FT-Raman）、空间偏移拉曼光谱（SORS）和共焦显微拉曼光谱等新兴技术。

二、仪器简介

（一）主要装置及其原理

拉曼光谱仪主要由以下几个基本部分构成：激光光源、外光路系统、样品池、单色仪、检测和记录系统（图 4.1）。为保证激发拉曼散射的激光光源具有良好的单色性，常选用的光源有可见光源、近红外激光光源，波长分为 488nm、514nm、632nm、785nm 和 1064nm 五种。收集系统通常由透镜组和样品室构成，其目的是保证样品获得有效的光照以激发拉曼散射，并且最大限度地收集拉曼散射光。分光系统的主要作用是把散射光分光并减弱杂散光，通常采用滤光片、光栅、滤波器或干涉仪等光学器件。检测系统根据激发波长可选择光电倍增管检测器、多通道电荷耦合器或半导体阵列检测器等。信号处理与控制系统多应用计算机，通过相关软件完成拉曼光谱的绘制和分析。拉曼光谱仪的分光系统一般可分为色散型和非色散型。对拉曼光谱仪的一般要求是最大程度地检测到样品的拉曼散射光，有较高的分辨率和频移精度，合适的激光波长和光谱范围等（刘燕德等，2015）。拉曼光谱仪收集和检测与入射光成直角的散射光。激光激发波长从近红外（1000nm）到近紫外（200nm）。激光通过滤波片和聚焦透镜投射到样品上，然后向各个方向散射。由于弹性散射强度比拉曼散射高出两个数量级，所以样品池和收集拉曼散射光的光学系统与单色仪的安排要合理，以使尽可能多的散射光进入单色仪。单色仪的相对孔径要大、色散率要好，以消除弹性散射以及各种杂散光对信号的干扰。为提高分辨率，可采用双联和三联光栅，激发波长在可见和近红外区的拉曼光谱仪还可采用全息滤波器来进一步提高信号采集强度。

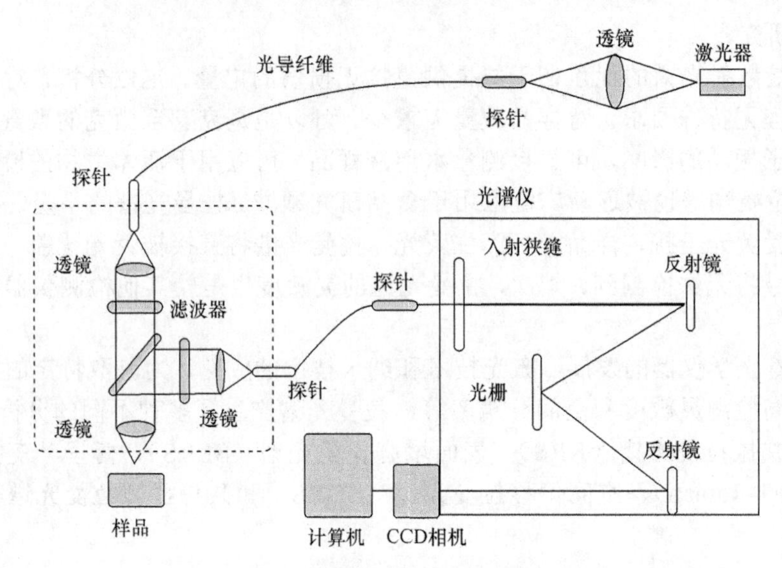

图 4.1　拉曼光谱仪系统结构图

（二）技术简介

常用的拉曼光谱指纹分析技术主要有显微共焦拉曼光谱技术、傅里叶变换拉曼光谱技术、共振增强拉曼光谱技术和表面增强拉曼光谱技术。

显微共焦拉曼光谱技术是将拉曼光谱分析技术与显微分析技术结合起来的一种应用技术。装有显微镜系统的拉曼光谱仪，它采用低功率激光器，高转换效率的全息 CCD 技术，使光源、样品、探测器 3 点共轭聚焦，消除杂散光，信号可增强 10^4～10^6 倍，具有灵敏度高、所需样品浓度低、信息量大的优点。

傅里叶变换拉曼光谱分析技术是使用傅里叶变换干涉仪变换采集到的信号。拉曼散射光经干涉仪进入探测器，获得干涉图，通过傅里叶变换得到拉曼光谱。用波长 1064nm 的激光照射样品，可以消除荧光背景，精度高，适用于色深样品。

共振增强拉曼光谱是激发光的频率等于或接近待测物电子吸收带频率时，待测物的某些拉曼谱带强度增至正常的 10^4～10^6 倍，具有灵敏度高、所需样品浓度低、适宜定量分析等优点。

表面增强拉曼光谱分析技术是用通常的拉曼光谱法测定吸附在胶质金属颗粒，如银、金、铜表面的样品或吸附在这些金属片的粗糙表面上的样品。被吸附样品的拉曼光谱强度可提高 10^3～10^6 倍。如果将表面增强拉曼与共振拉曼结合，光谱强度的净增加值几乎是两种方法增强值的积，而检测限可低至 10^{-12}～10^{-9}mol/L。

三、在蜂产品中的应用进展

国内外利用拉曼光谱技术对食品成分的分析研究应用较广，通过拉曼谱图不仅可以定性分析被测物质所含成分的分子结构和各种基团之间的关系，还可以定量检测食品成分含量的大小。近年来，拉曼光谱技术逐渐开始应用于溯源性识别技术中。

随着光纤探头、微型二极管激光器等高灵敏性光电耦合器件和组合光学设计的出现以及计算机数据挖掘等领域的飞速发展，拉曼光谱技术也有了越来越多更加成功的科研成果（Rafaella et al.，2015；Paulo et al.，2016）。Batsoulis 等（2005）利用拉曼光谱技术和神经网络模型对 14 个蜂蜜样品进行植物源预测，其中 13 个样品可以得到准确的分类。Pierna 等（2011）测定来自法国、意大利、奥地利、德国和新西兰等不同产地蜂蜜样品的拉曼光谱曲线，使用偏最小二乘法判别分析（PLS-DA）和支持向量机法（SVM）分别建立品种判别模型，判别准确率在 85%～90%。Corvucci 等（2014）利用拉曼光谱技术结合多元统计分析手段，对来自意大利、欧洲、西班牙和阿根廷的 5 个不同植物源的蜂蜜品种进行品种与产地的鉴别，其结果可以有效区分洋槐蜜、柑橘蜜、板栗蜜、向日葵蜜、柠檬蜜和蜜露样品的产地。

第二节 拉曼光谱指纹分析技术鉴别蜂蜜品种

一、实验材料与主要仪器设备

（一）实验材料

本实验所用蜂蜜样本与第三章第二节中所用样本相同，样本数量有一些变化。总样本数为 308 个，其中荔枝蜜 144 个、椴树蜜 31 个、洋槐蜜 50 个、油菜蜜 49 个和荆条蜜 34 个。

（二）主要仪器设备

Thermo Fisher DXR 型激光显微拉曼光谱仪；TQ Analyst 分析软件，Matlab R2009b 数据分析软件，SPSS 19.0 分析软件。

二、样品处理与光谱采集

拉曼光谱仪的仪器条件为激光功率 24mW，波长为 780nm 激光发射器，发射波数为 3200～200cm^{-1}，仪器分辨率为 3cm^{-1}。光谱采集过程中采用的是 XYZ 自动平台，每个样品采集时采用的是 4×4（16）次光谱采集。在光照、温度恒定的环境下进行光谱采集，在载玻片上加上一层锡箔纸，将蜂蜜样品用一次性滴管滴在锡箔纸上，通过 OMNIC 软件来进行拉曼光谱采集。

三、数据处理与分析

（一）蜂蜜的原始拉曼光谱图

5 种蜂蜜的原始拉曼光谱图如图 4.2 所示。在拉曼光谱中 421cm^{-1}、519cm^{-1}、

628cm^{-1}、705cm^{-1}、819cm^{-1}、866cm^{-1}、1063cm^{-1}、1122cm^{-1}、1264cm^{-1}、1363cm^{-1}和 1457cm^{-1}处有明显的蜂蜜的特征峰；446cm^{-1}、594cm^{-1}、776cm^{-1}和 977cm^{-1}处出现较明显的拉曼峰；光谱范围在 3100～2600cm^{-1}为 H_2O 的拉曼峰。由于化合物分子间存在一定的相互作用力，一种化学成分处在化合物中的拉曼光谱所显示出来的特征峰和作为一种纯净物直接扫描其拉曼光谱所获得的特征峰的化学位移会有一定的偏移。蜂蜜中水分的含量受蜜种、季节、气候和地理位置等因素的影响较大，蜂蜜的含水量有较大的差异，因此在进行光谱数据分析时，为了避免水分的影响，将与水分相关的峰去除。

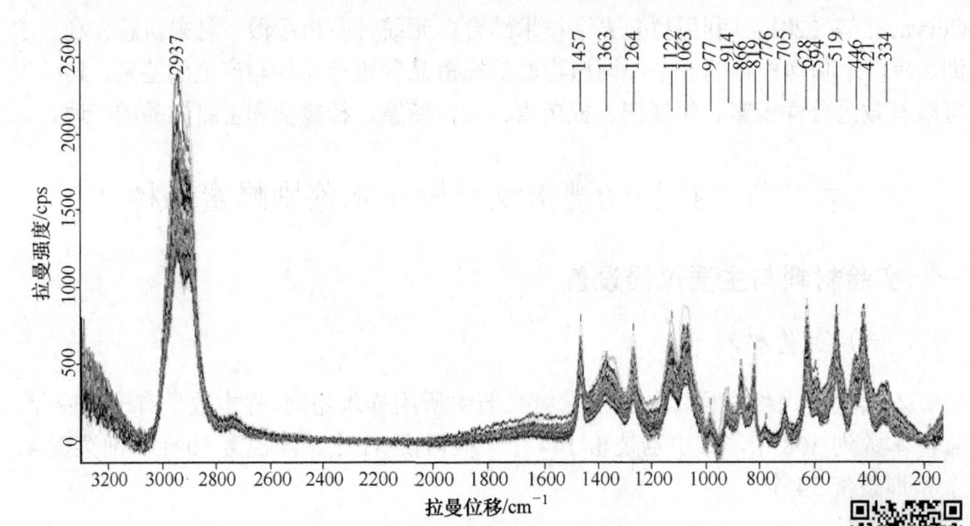

图 4.2 蜂蜜样本的拉曼光谱图

（二）光谱预处理

实验数据采集时存在许多干扰因素，导致光谱存在一些偏差，为了消除与光谱数据无关的信息和噪声，需要对光谱进行预处理。常用的预处理方法有均值中心化、标准化、归一化、平滑、导数等。利用 TQ Analyst 软件对 5 个品种 308 个蜂蜜样品的光谱进行预处理。用 Matlab R2009b 软件对样品数据进行主成分分析，得到其中前 10 个主成分（principle component，PC）的累计方差贡献率达到 98.15%，308×3340 个数据点压缩为 308×10 个数据点。

由表 4.1 可知，累计贡献率随因子个数的增加而增大，其中前两个主成分得分累计贡献率达到 78.54%，选择前两个主成分因子做散点图，如图 4.3 所示。从图 4.3 中可发现，5 种蜂蜜的分布较为分散，品种间的交叠严重，不能进行明显的区分。因此，需对数据进行进一步的分析。

表 4.1　蜂蜜拉曼光谱前 10 个主成分的累计方差贡献率

主成分	PC1	PC2	PC3	PC4	PC5	PC6	PC7	PC8	PC9	PC10
方差贡献率/%	47.06	31.48	8.47	7.98	2.29	0.42	0.17	0.12	0.10	0.07
累计贡献率/%	47.06	78.54	87.00	94.98	97.27	97.68	97.85	97.98	98.08	98.15

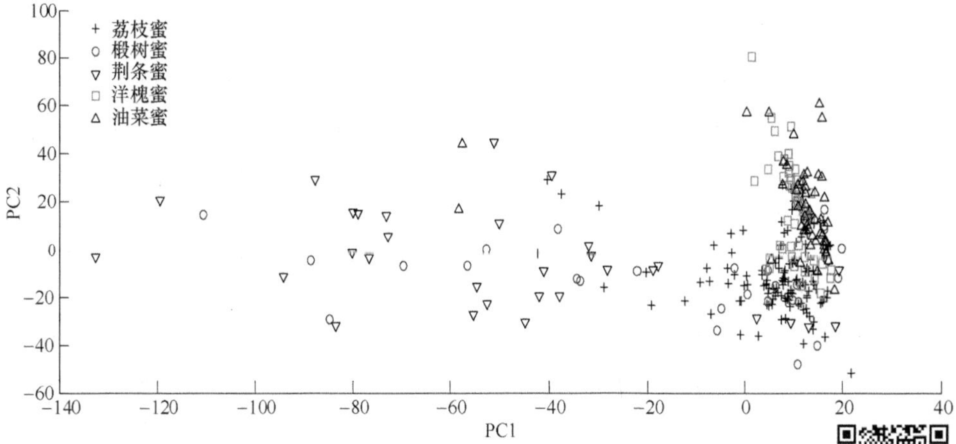

图 4.3　蜂蜜拉曼光谱主成分得分散点图

（三）典型判别分析

利用 SPSS 软件典型判别分析法建立蜂蜜品种的判别模型，并对模型进行交叉检验。结果如表 4.2 所示，总体判别率为 90.9%，洋槐蜜的判别率最高为 98%，只有 1 个样品错判为椴树蜜；油菜蜜和椴树蜜的判别率分别为 93.9%和 93.5%，错判个数分别为 3 个和 2 个样品；荆条蜜和荔枝蜜的判别率为 85.3%和 88.2%，错判个数为 5 个和 17 个样品。交叉验证的总体判别率为 87.3%，洋槐蜜判别率最高为 96%，油菜蜜、椴树蜜和荔枝蜜分别为 91.8%、83.9%和 86.1%，荆条蜜的判别率较低为 76.5%。

表 4.2　5 个蜂蜜品种拉曼光谱典型判别分析结果

品种			荔枝蜜	椴树蜜	荆条蜜	洋槐蜜	油菜蜜	总计	总体判别率/%
初始	样本数/个	荔枝蜜	127	3	0	1	13	144	90.9
		椴树蜜	1	29	0	1	0	31	
		荆条蜜	3	2	29	0	0	34	
		洋槐蜜	0	1	0	49	0	50	
		油菜蜜	3	0	0	0	46	49	

续表

品种			荔枝蜜	椴树蜜	荆条蜜	洋槐蜜	油菜蜜	总计	总体判别率/%
初始	判别率/%	荔枝蜜	88.2	2.1	0	7	9	100	90.9
		椴树蜜	3.2	93.5	0	3.2	0	100	
		荆条蜜	8.8	5.9	85.3	0	0	100	
		洋槐蜜	0	2.0	0	98	0	100	
		油菜蜜	6.1	0	0	0	93.9	100	
交叉验证	样本数/个	荔枝蜜	124	3	0	1	16	144	87.3
		椴树蜜	3	26	1	1	0	31	
		荆条蜜	4	4	26	0	0	34	
		洋槐蜜	0	2	0	48	0	50	
		油菜蜜	4	0	0	0	45	49	
	判别率/%	荔枝蜜	86.1	2.1	0	7	11.1	100	
		椴树蜜	9.7	83.9	3.2	3.2	0	100	
		荆条蜜	11.8	11.8	76.5	0	0	100	
		洋槐蜜	0	4	0	96	0	100	
		油菜蜜	8.2	0	0	0	91.8	100	

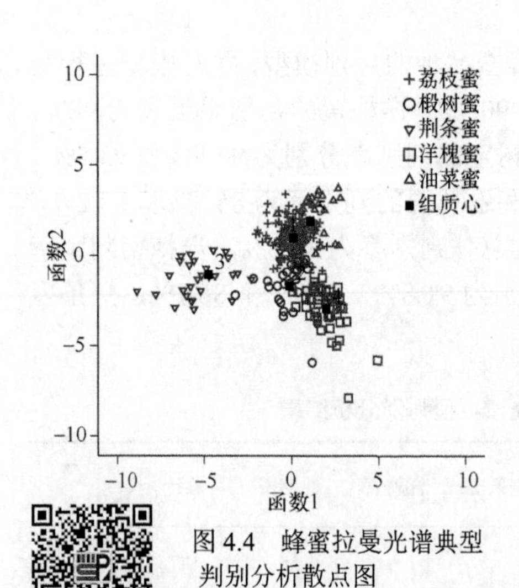

图 4.4　蜂蜜拉曼光谱典型判别分析散点图

用前两个典型判别函数作散点图，如图 4.4 所示。5 种不同的蜂蜜样品有围绕组质心集中的趋势。其中，洋槐蜜与其余 4 种蜂蜜的组质心都相距较远且样本间聚集明显，可以明显地被区分开；荔枝蜜、油菜蜜和椴树蜜虽然也有随组质心聚集的趋势，但是样本间交叠严重；从图 4.4 中可以看出洋槐蜜、油菜蜜和荆条蜜的组质心相对较远，因此需进一步进行判别分析。

（四）典型判别分析鉴别洋槐蜜、油菜蜜和荆条蜜

由于荔枝蜜和椴树蜜的组质心相距较近，在以后进一步扩大样本量时会导致更多的样品分布重叠，分析效果变差。因此，在剔除了荔枝蜜和椴树蜜之后，对油菜蜜、洋槐蜜和荆条蜜建立典型判别分析模型。结果如表 4.3 所示，洋槐蜜和油菜蜜的判别率均达到了 100%，交叉验证

的结果显示油菜蜜的判别率为 100%，洋槐蜜的判别率也高达 98%；荆条蜜的交叉验证判别结果偏低，仅为 79.4%，此方法对荆条蜜的区分度较低；整体的判别率有所提高。

表 4.3　三个蜂蜜品种拉曼光谱典型判别分析结果

品种			荆条蜜	洋槐蜜	油菜蜜	总计	总体判别率/%
初始	样本数/个	荆条蜜	31	1	2	34	97.7
		洋槐蜜	0	50	0	50	
		油菜蜜	0	0	49	49	
	判别率/%	荆条蜜	91.2	2.9	5.9	100	
		洋槐蜜	0	100	0	100	
		油菜蜜	0	0	100	100	
交叉验证	样本数/个	荆条蜜	27	2	5	34	94
		洋槐蜜	0	49	1	50	
		油菜蜜	0	0	49	49	
	判别率/%	荆条蜜	79.4	5.9	14.7	100	
		洋槐蜜	0	98	2	100	
		油菜蜜	0	0	100	100	

图 4.5 为典型判别分析散点图，由图 4.5 可知，洋槐蜜、油菜蜜和荆条蜜的组质心相距较远，可以明显地区分开；其中，洋槐蜜和油菜蜜的样品围绕组质心聚集的趋势比较明显，区分效果比较好；虽然荆条蜜的组质心也与二者相距较远，但是，荆条蜜的样品分布比较分散，聚集的趋势不明显，因此判别准确率较低。

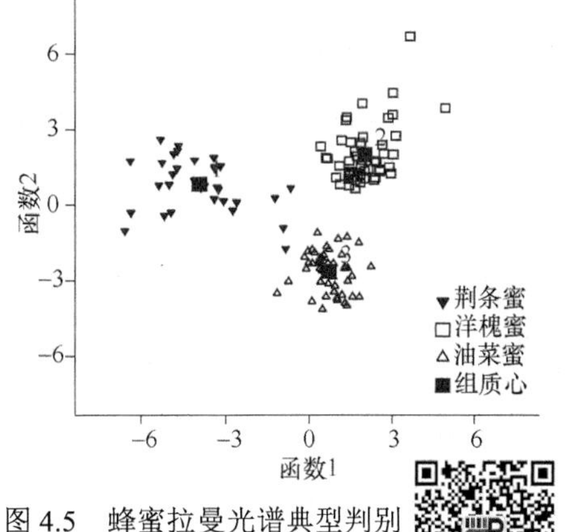

图 4.5　蜂蜜拉曼光谱典型判别分析散点图

（五）偏最小二乘法判别分析鉴别洋槐蜜、油菜蜜和荆条蜜

偏最小二乘法判别分析（PLS-DA）是一种有监督模式的光谱数据处理建模分析方法，是在样品的品种分类确定的前提下，对某一类样品的一系列光谱数据进行统计分析，判别其种类的一种多变量分析方法。偏最小二乘法判别分析的判别过程为：首先利用建模集进行判别模型的建立，通过样品品种的区别与样品的光谱数据点进行偏最小二乘回归，建立样品品种与光谱数据的回归模型；使用校正集样品对模型的性能进行验证（Eva et al., 2016）。PLS-DA 法是以数据矩阵代码的形式提供样品信息，数据量大且丰富，在

建立判别模型时可以从自变量的矩阵数据和因变量的数据矩阵中提取偏最小二乘部分，可以对数据矩阵进行降维压缩，有效地消除数据间的共线性问题，减少了计算时间和计算的复杂程度。

如表 4.4 所示，按照 3∶1 划分校正集与验证集，其中校正集蜂蜜样本 100 个，验证集样本 33 个。校正集中荆条蜜和洋槐蜜的判别准确率为 100%，油菜蜜的判别准确率为 97.4%，有 1 个油菜蜜错判为洋槐蜜，总体判别准确率达到 99%；验证集中有 2 个洋槐蜜错判，荆条蜜和油菜蜜各有 1 个样本错判，总体判别准确率 87.89%，判别的整体效果较好。

表 4.4　三个蜂蜜品种拉曼光谱偏最小二乘法判别分析品种判别结果

	品种	荆条蜜	洋槐蜜	油菜蜜	分类判别率/%	总体判别率/%
校正集（n=100）	荆条蜜	22	0	0	100	99
	洋槐蜜	0	38	0	100	
	油菜蜜	0	1	39	97.4	
验证集（n=33）	荆条蜜	11	1	0	90.9	87.89
	洋槐蜜	1	10	1	83.3	
	油菜蜜	0	1	8	88.9	

四、结果与分析

本实验利用拉曼光谱技术结合化学计量学的方法对荔枝蜜、洋槐蜜、油菜蜜、枣花蜜和荆条蜜进行快速品种鉴别。典型判别分析的结果显示，初始和交叉验证的判别准确率分别为 90.9%和 87.3%，总体判别准确率较高；但是，由典型判别分析结果图（图 4.4）可以看出，荔枝蜜、椴树蜜和油菜蜜的组质心相距较近，品种间的交叠比较严重；荆条蜜、洋槐蜜和油菜蜜的组质心相对较远。因此，继续建立三种蜂蜜品种的典型判别分析模型。初始和交叉验证的判别准确率分别为 97.7%和 94%，判别效果优于 5 种蜂蜜所建立模型的判别效果。偏最小二乘法判别分析鉴别结果显示，校正集与验证集的判别准确率分别为 99%和 87.89%，判别的准确率也较高。但是，在典型判别分析与偏最小二乘法判别分析结果中发现，荆条蜜的鉴别效果相对较差，对油菜蜜和洋槐蜜的鉴别效果均较好，因此拉曼光谱技术可以较好地对洋槐蜜和油菜蜜进行鉴别。

主要参考文献

常建华，董琦功．2001．波谱原理及解析［M］．北京：科学出版社：113-115．
李水芳，张欣，李娇娟，等．2014．拉曼光谱法无损检测蜂蜜中的果糖和葡萄糖含量［J］．农业工程学报，30（6）：249-255．

刘燕德，靳昙昙. 2015. 拉曼光谱技术在农产品质量安全检测中的应用[J]. 光谱学与光谱分析，35(9)：2567-2572.
刘燕德，刘涛，孙旭东，等. 2010. 拉曼光谱技术在食品质量安全检测中的应用[J]. 光谱学与光谱分析，30(11)：3007-3012.
孙璐，陈斌，高瑞昌，等. 2012. 拉曼光谱技术在食品分析中的应用[J]. 中国食品学报，12(12)：113-118.
肖静，朱梦军. 2013. 不同品种山药的拉曼光谱分析[J]. 医学导报，32(12)：1641-1645.
张延会，吴良平，孙真荣，等. 2006. 拉曼光谱技术应用进展[J]. 化学教学，4：32-35.
Baeten V, Hourant P, Morales M T, et al. 1998. Oil and fat classification by FT-Raman spectroscopy [J]. Journal of Agricultural and Food Chemistry, (46) : 2638-2646.
Batsoulis A N, Siatis N G, Kimbaris A C, et al. 2005. FT-Raman spectroscopic simultaneous determination of fructose and glucose in honey [J]. Journal of Agricultural and Food Chemistry, 52 (2) : 207-210.
Corvucci F, Nobili L, Melucci D, et al. 2015. The discrimination of honey origin using melissopalynology and Raman spectroscopy techniques coupled with multivariate analysis [J]. Food Chemistry, 2: 297-304.
Paulo H R J, Kamila S O, Carlos E R A, et al. 2016. FT-Raman and chemometric tools for rapid determination of quality parameters in milk powder: Classification of samples for the presence of lactose and fraud detection by addition of maltodextrin [J]. Food Chemistry, 96: 584-588.
Pierna J A F, Baeten V, Abbas O, et al. 2011. Discrimination of Corsican honey by FT-Raman spectroscopy and chemometrics [J]. Base, 15 (1) : 75-84.
Rafaella F F, Gilson R F, Adriano A S, et al. 2015. FT-Raman spectroscopy of the Candelaria and Pyxine lichen species : A new molecular structural study [J]. Journal of Molecular Structure, 1102 (15) : 57-62.
Yang H, Irudayaraj J, Paradkar M M. 2005. Discriminant analysis of edible oils and fats by FTIR、FT-NIR and FT-Raman spectroscopy [J]. Food Chemistry, (93) : 25-32.

第五章　核磁共振波谱技术在蜂产品溯源中的应用

第一节　核磁共振波谱技术简介

一、基本原理及特点

核磁共振（nuclear magnetic resonance，NMR）波谱学是一门发展非常迅速的科学。其最早于 1946 年由哈佛大学的伯塞尔（Purcell）和斯坦福大学的布洛赫（Bloch）等用实验证实。两人因此共同分享了 1952 年的诺贝尔物理学奖。

NMR 技术是一种基于具有自旋性质的原子核在核外磁场作用下，吸收射频辐射而产生能级跃迁的谱学技术。原子核在外磁场中受到磁化，产生一定频率的震动。当外加能量（射频场）与原子核震动频率相同时，原子核吸收能量发生能级跃迁，产生共振吸收信号，这就是核磁共振的最基本原理。

核磁共振现象来源于原子核的自旋角动量在外加磁场作用下的进动。将原子核置于外加磁场中，若原子核磁矩与外加磁场方向不同，原子核磁矩会绕外磁场方向旋转，称为进动。进动具有能量，也具有一定的频率。原子核进动的频率由外加磁场的强度和原子核本身的性质决定。根据量子力学原理，原子核磁矩的方向只能在磁量子数之间跳跃，而不能平滑地变化，这样就形成了一系列的能级。当原子核在外加磁场中接受其他来源的能量输入后，就会发生能级跃迁，也就是原子核磁矩与外加磁场的夹角会发生变化。这种能级跃迁是获取核磁共振信号的基础。根据物理学原理，当外加射场的频率与原子核自旋进动的频率相同的时候，射场的能量才能够有效地被原子核吸收，为能级跃迁提供助力。因此某种特定的原子核，在给定的外加磁场中，只吸收某一特定频率射场提供的能量，这样就形成了一个核磁共振信号。

迄今为止，只有自旋量子数等于 1/2 的原子核时，其核磁共振信号才能够利用，经常为人们所利用的原子核有：1H、11B、13C、17O、19F、31P。其中应用最多就是核磁共振氢谱和碳谱。氢谱可以反映各种不同 H 的化学移位，也可以表示各种不同的 1H 的数目。因为 C 原子是有机分子的骨架，在鉴定有机分子的结构中非常有用，所以碳谱的应用也较多。核磁共振图谱分为一维图谱、二维图谱以及多维图谱。使用脉冲-傅里叶变化波谱仪作图时，变量（横坐标）为采样时间，经一次傅里叶变化从时畴图转换成频畴图，称为一维核磁共振谱。采用不同的脉冲序列也引入第二个时间变量，即脉冲时间间隔，这样计算机采集到的信号随着采样时间和脉冲时隔两个独立的变量变化，信号进行两次傅里叶变化得到二维谱。二维谱有两个频率变量，图谱中一个坐标表示化学位移，另一个坐标表示耦合常数，或另一个坐标表示同核或异核化学位移。近年来，随着计算机的容量及速度的大幅提高，三四维（多维）NMR 技术有了飞速的发展，直观来看，多维谱是把各种二维谱组合起来，对多维 NMR 谱的解析可以借助计算机来完成，其测定所需的脉冲序列也很复杂。

二、仪器简介

（一）主要装置

核磁共振波谱仪基本结构包括：一个用于极化自旋的恒定磁场（磁体），一个产生激励场的射频系统（发射器），一个或者多个耦合到自旋的激励和接收 NMR 响应的线圈（探头），一个增强和检测自旋响应的检测系统（前置放大器与接收器），以及计算机与控制系统，还有一些辅助装置，如图 5.1 所示。

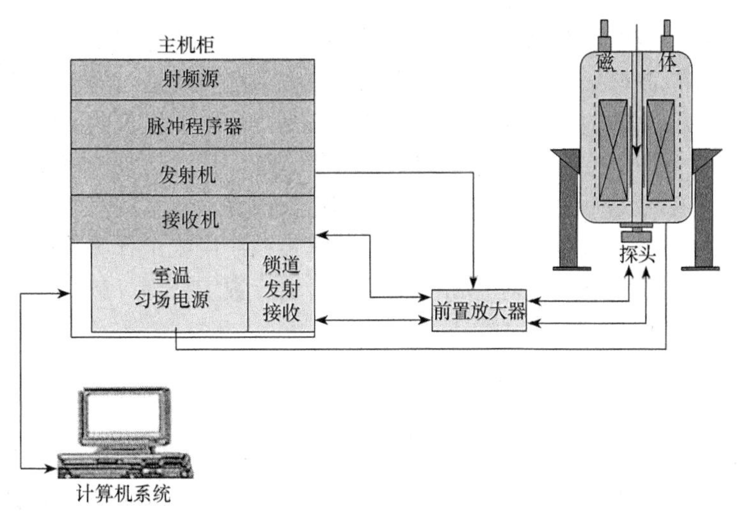

图 5.1　核磁共振装置图

核磁共振波谱仪的种类和型号很多，按扫描方式分有连续波扫描谱仪（CW-NMR）和脉冲傅里叶变化谱仪（PFT-NMR），最初的核磁共振波谱仪是通过固定电磁波频率，连续改变磁感强度的方式（扫场方式）；也可固定磁感强度，连续改变电磁波的频率的方式（扫频方式），产生的核磁共振，这称为 CW-NMR。CW-NMR 的最大缺点是灵敏度低，用样量较多，对低丰度、弱磁性核的测量无法实现，发射信号还有可能泄露到接线线圈，要解决这些问题必须采用 PFT-NMR。与 CW-NMR 不同，在 PFT-NMR 中样品同样置于强磁场中，但代替连续波 NMR 中对样品（或频率）连续扫描的无线电波，在 PFT-NMR 中是强度大而持续时间短的无线电脉冲波。PFT-NMR 的出现，使得某些低丰度原子核的 NMR 谱能够测定；通过采用不同的脉冲序列，可以进行多维 NMR

技术的测量，使 NMR 技术在结构鉴定中具有决定性作用；另外分时方式使发射能量泄露到接收机的问题得到解决。按仪器测定条件可以分为窄孔谱仪（用于测定高分辨液体谱）和宽孔谱仪（测定固体和液体），但更常用的划分方式是按 1H 核的中心工作频率来划分，有 60MHz、100MHz、200MHz、400MHz、600MHz、750MHz 等型号仪器。其中 200MHz 以上的称为超导磁体的 PFT-NMR。

（二）工作流程

磁体为核自旋系统提供一个恒定的磁场，使核自旋发生能级分裂，射频系统为核自旋提供了一个产生满足共振跃迁条件的激励射频源，经过发射机单元的脉冲调制和放大，加到探头射频线圈上。现代谱仪的射频脉冲需要进行幅度、相位、频率、形状等多种参数的快速调制，多采用数字化系统，直接数字频率合成、数字控制振荡器等技术已在谱仪中广泛使用。探头安装在磁体室温孔内，用来产生激励射频场和检测核磁共振信号。探头既要最有效地将各通道的射频功率作用于样品，又要能高灵敏地检测出 NMR 信号，它是 NMR 波谱仪的心脏部分。探头的类型、尺寸多种多样，可根据不同用途进行选择。信号接收机将探头检测到的微弱的 NMR 信号进行前级放大后，传送到接收机进行放大和信号处理，再转成数字信号送计算机系统进行处理和储存。计算机系统用来进行实验操作，对波谱仪各部件进行控制和管理，对 NMR 数字信号进行数字处理，最终得到核磁共振图谱。

三、在蜂产品中的应用进展

核磁共振技术最先应用于研究有机物质的分子结构和反应过程，随后在各个领域广泛应用。随着核磁技术的不断发展，核磁共振技术与化学计量学方法相结合为农产品品种和产地的溯源提供了一种新的方法。早期时在葡萄酒溯源中应用较多。

近几年，核磁共振波谱技术在蜂蜜、蜂胶领域的溯源成为研究的热点。在蜂胶溯源方面，Watson 利用来自世界各地的蜂胶样品，通过分析其一维共振氢谱，将数据导入 SIMCA-P 中进行 PCA，成功地判别了来自非洲、欧洲、亚洲的蜂胶样品。Osmany 把从古巴各地收集的 65 种蜂胶样品，获得其 ^{1}H NMR 指纹图谱和 ^{13}C NMR 指纹图谱，区分出棕色蜂胶、红色蜂胶、黄色蜂胶。在蜂蜜溯源方面，Donarski 等利用 ^{1}H NMR 测得来自科西嘉岛的 374 个蜂蜜样品的光谱图，根据蜂蜜中的特征物质，可以有效地判别板栗蜜和杨梅蜜。Boffo 等利用 ^{1}H NMR 测得蜂蜜的指纹图谱，结合 K 最近邻法（KNN）、SIMCA 和 PLS-DA 可以有效地判别桉树蜜、柑橘蜜和山花蜜。Simova 等基于栎醇中质子和亚甲基中碳信号的 ^{1}H 和 ^{13}C 核磁共振全相关光谱对蜂蜜进行分析，研究表明在橡树蜂蜜中含有栎醇，而冷杉和云杉蜂蜜中却不含有栎醇，因此可以根据栎醇这一特征物质对一些蜂蜜品种进行鉴别。Ribeiro 等利用蜂蜜的理化性质与 ^{1}H NMR 谱图的多元信息融合，其结果显示可以对桉树蜜、柑橘蜜、樱桃蜜等 8 种蜂蜜进行植物源的鉴别。

NMR 技术具有许多优点，如方法重现性好、分析时间短、备样方法简单、可以获得几乎全部含氢化合物的信息，通过谱图中的化学位移、耦合常数、峰形等参数可直接推测出化学结构。目前，该方法体系已应用于探究食品的产地、品种等信息。核磁共振技术与化学计量学方法相结合为农产品品种和产地的溯源提供了另外一种有效的途径。不仅快速、无损，同时可以获得大量的数据信息，大大提高了分析过程中的精确度。但是，核磁共振氢谱技术在鉴别我国蜂蜜品种方面少有文献报道，第二节主要介绍利用核磁共振氢谱技术分析蜂蜜样本，并与化学计量学方法相结合进行蜂蜜品种的鉴别。

第二节　核磁共振氢谱技术鉴别蜂蜜品种

一、实验材料与主要仪器设备

（一）实验材料

实验所需要的样本与第三章所用实验样本一致，并且在之前的分析结果中对样本进行了进一步筛选。总样本数为 162 个，其中荔枝蜜 35 个、椴树蜜 30 个、洋槐蜜 31 个、油菜蜜 33 个和荆条蜜 33 个。

（二）主要试剂和仪器设备

重水（氘代度＞99.9%）；三（三甲基硅烷）磷酸酯（TMSP）；AVANCE 500MHz 超导傅里叶变换核磁共振仪；5mm 核磁共振管；水浴锅。

二、样品处理与分析

（一）样品前处理

精确称取 TMSP 40mg 于 25mL 容量瓶中，使用 D_2O 定容，作为化学位移零点标记物备用。将蜂蜜样品置于 45℃水浴锅中，待结晶全部溶解，搅拌混匀。称取蜂蜜 150mg 于 5mL 的离心管中，加入 450μL D_2O，涡旋混匀，加入标记物 TMSP 溶液 50μL，涡旋混匀，移入核磁管中，静置 3h。

（二）仪器测定条件

每次测定前都进行调谐、匀场，^{1}H NMR 光谱测定条件为：温度（T）300K，谱仪频率（SF）500.13MHz，谱宽（SWH）6009.615Hz，谱图分辨率（RIDRES）0.091 699Hz，重复扫描次数（NS）32，采样点数（TD）65 536。每个蜂蜜样品进行 3 次扫描，谱图处理时以 TMSP 确定化学位移零点，采用 BBO 探头。

三、数据处理与分析

（一）蜂蜜 ^{1}H NMR 谱图

图 5.2 为蜂蜜样本的 ^{1}H NMR 谱图。化学位移在 1～3ppm 主要为氨基酸类物质的谱峰区，1.17ppm 处为异亮氨酸上甲基谱峰；1.23ppm 为醇类物质的甲基谱峰；1.47ppm 和 2.05ppm 为丙氨酸的亚甲基峰；3.24ppm 处双峰为葡萄糖和果糖 C_2H 的β异构体，4.64ppm 处双峰为 C_1H 的β异构体，5.23ppm 处双峰为 C_1H 的α异构体；5.38ppm 和 5.09ppm 处双峰分别为蔗糖和木糖的峰。

（二）主成分分析结果

如图 5.3 所示，利用主成分分析法对 5 个蜂蜜品种共计 162 个蜂蜜样品进行数据压缩，得到以第一主成分和第二主成分为横纵坐标的蜂蜜样品散点图。由图 5.3 可知，5 个蜂蜜品种各自的聚集趋势较差，未能较好地区分开。

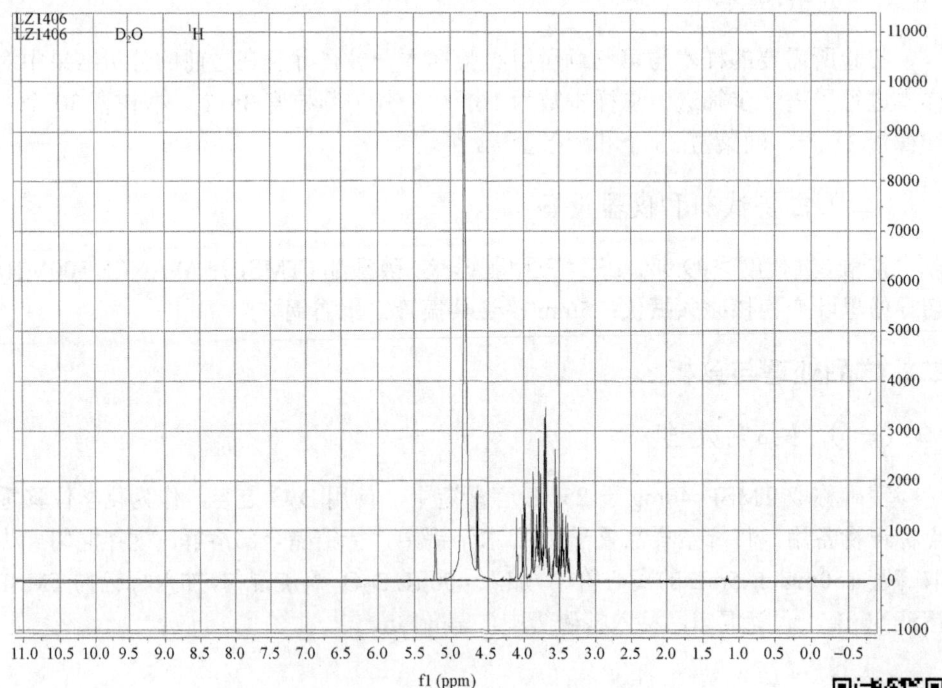

A．蜂蜜样本的核磁共振原始光谱图（化学位移在 0～11ppm）

图 5.2　蜂蜜样品 ^{1}H NMR 光谱图

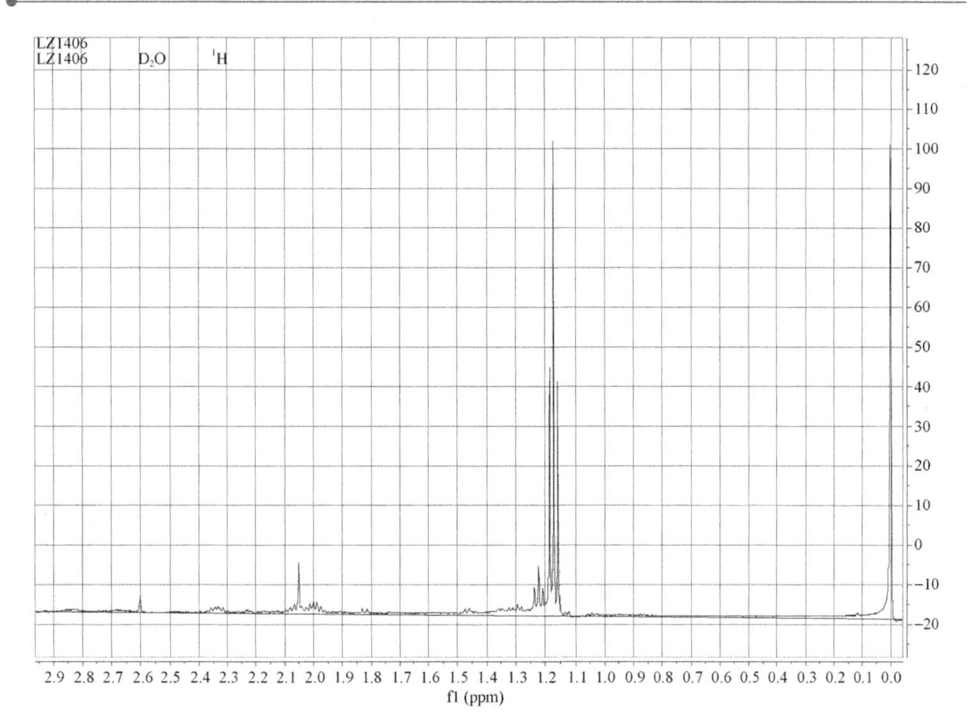

B．化学位移在 0～2.9ppm 的放大图

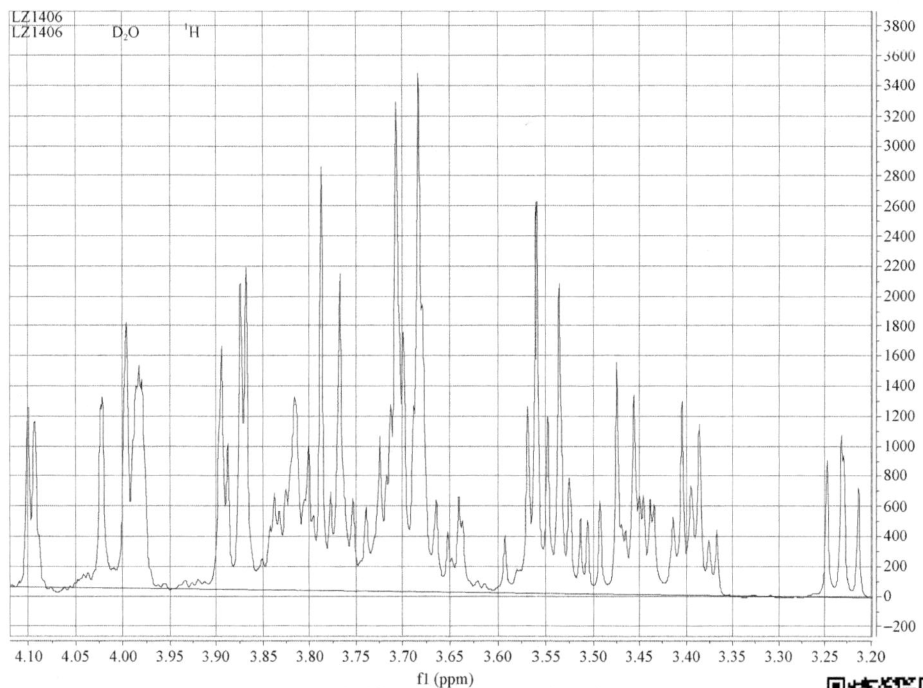

C．化学位移在 3.2～4.2ppm 的放大图

图 5.2 蜂蜜样品 ^{1}H NMR 光谱图（续）

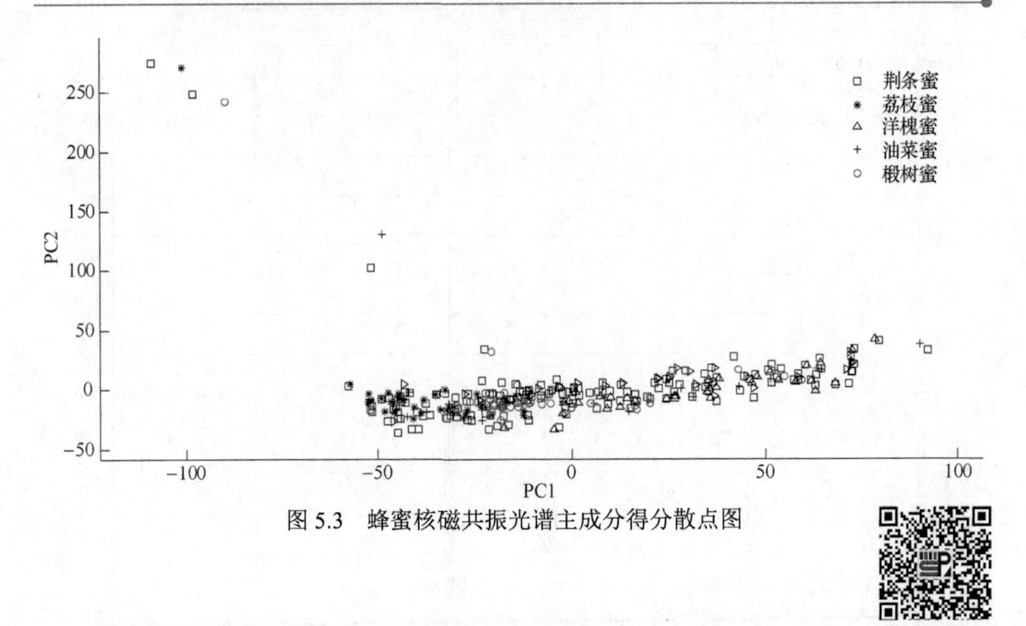

图 5.3　蜂蜜核磁共振光谱主成分得分散点图

如表 5.1 所示，前 10 个主成分的方差贡献率为 95.06%，可以涵盖蜂蜜样品的大多数信息。利用主成分分析将 162×5453 数据矩阵压缩为 162×10 的数据矩阵，可以大大降低接下来数据分析的运算量。

表 5.1　蜂蜜核磁共振光谱前 10 个主成分累计方差贡献率

主成分	PC1	PC2	PC3	PC4	PC5	PC6	PC7	PC8	PC9	PC10
方差贡献率/%	26.71	20.96	19.88	7.16	6.40	4.42	3.71	2.65	1.71	1.46
累计贡献率/%	26.71	47.67	67.55	74.71	81.11	85.53	89.24	91.89	93.60	95.06

（三）5 个蜂蜜品种典型判别分析

表 5.2 为典型判别分析的结果，总体判别率均大于 90%；荆条蜜、荔枝蜜、洋槐蜜、油菜蜜和椴树蜜的判别率分别为 100%、97.1%、100%、93.9%和 93.3%，在交叉验证中，5 个蜂蜜品种的判别率分别为 100%、94.3%、96.8%、90.9%和 90%。其中荆条蜜的判别率最高均为 100%，其余 4 个蜂蜜品种的判别率也均在 90%以上。

表 5.2　5 个蜂蜜品种核磁共振光谱典型判别分析结果

品种			荆条蜜	荔枝蜜	洋槐蜜	油菜蜜	椴树蜜	总体判别率/%
初始	样本数/个	荆条蜜	33	0	0	0	0	96.9
		荔枝蜜	0	34	0	1	0	
		洋槐蜜	0	0	31	0	0	
		油菜蜜	0	2	0	31	0	
		椴树蜜	1	1	0	0	28	

续表

品种			荆条蜜	荔枝蜜	洋槐蜜	油菜蜜	椴树蜜	总体判别率/%
初始	判别率/%	荆条蜜	100	0	0	0	0	96.9
		荔枝蜜	0	97.1	0	2.9	0	
		洋槐蜜	0	0	100	0	0	
		油菜蜜	0	6.1	0	93.9	0	
		椴树蜜	3.3	3.3	0	0	93.3	
交叉验证	样本数/个	荆条蜜	33	0	0	0	0	94.4
		荔枝蜜	0	33	0	2	0	
		洋槐蜜	1	0	30	0	0	
		油菜蜜	0	3	0	30	0	
		椴树蜜	1	1	1	0	27	
	判别率/%	荆条蜜	100	0	0	0	0	
		荔枝蜜	0	94.3	0	5.7	0	
		洋槐蜜	3.2	0	96.8	0	0	
		油菜蜜	0	9.1	0	90.9	0	
		椴树蜜	3.3	3.3	3.3	0	90	

如图 5.4 所示，由典型判别分析的散点图可以看出，这 5 种蜂蜜都有围绕各自的组质心聚集的趋势，其中荆条蜜与椴树蜜能够与其他品种蜂蜜的组质心明显地分开，且椴树蜜的判别准确率均在 90%以上；荔枝蜜、洋槐蜜和油菜蜜的组质心相距较近，样本间有部分重叠，在以后进一步扩大样本量时，会不可避免地出现错判现象。但是从典型判别散点图可以看出，洋槐蜜、油菜蜜和椴树蜜的组质心相距较远，样本间聚集的趋势比较明显，可以进行进一步分析。

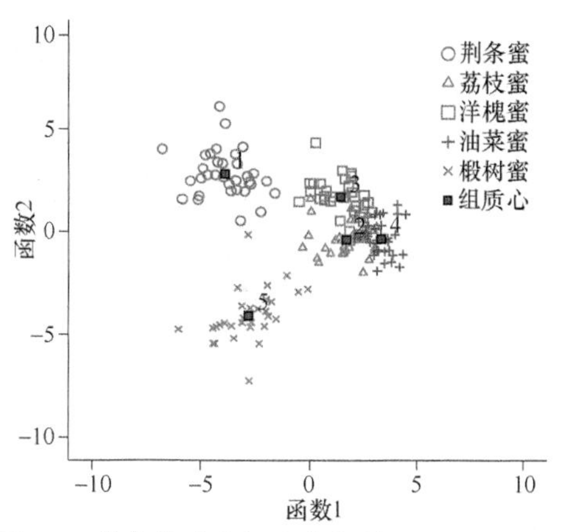

图 5.4　蜂蜜核磁共振光谱典型判别分析散点图

（四）荆条蜜、洋槐蜜和椴树蜜典型判别分析结果

对洋槐蜜、油菜蜜和椴树蜜 3 个蜂蜜品种进行典型判别分析，结果如表 5.3 所示。总体判别率分别为 100%和 96.8%，洋槐蜜、油菜蜜和椴树蜜的判别率均为 100%，在交叉验证中的判别准确率分别为 96.8%、93.9%和 100%。由结果可以看

出椴树蜜的判别准确率最高均为 100%，洋槐蜜和油菜蜜的鉴别准确率也均达到了 93%以上。3 个蜂蜜品种所建立的判别模型准确率较 5 个蜂蜜品种所建立的模型有所提高。

表 5.3　3 个蜂蜜品种核磁共振光谱典型判别分析结果

品种			洋槐蜜	油菜蜜	椴树蜜	总计	总体判别率/%
初始	样本数/个	洋槐蜜	31	0	0	31	100
		油菜蜜	0	33	0	33	
		椴树蜜	0	0	30	30	
	判别率/%	洋槐蜜	100	0	0	100	
		油菜蜜	0	100	0	100	
		椴树蜜	0	0	100	100	
交叉验证	样本数/个	洋槐蜜	30	1	0	31	96.8
		油菜蜜	2	31	0	33	
		椴树蜜	0	0	30	30	
	判别率/%	洋槐蜜	96.8	3.2	0	100	
		油菜蜜	6.1	93.9	0	100	
		椴树蜜	0	0	100	100	

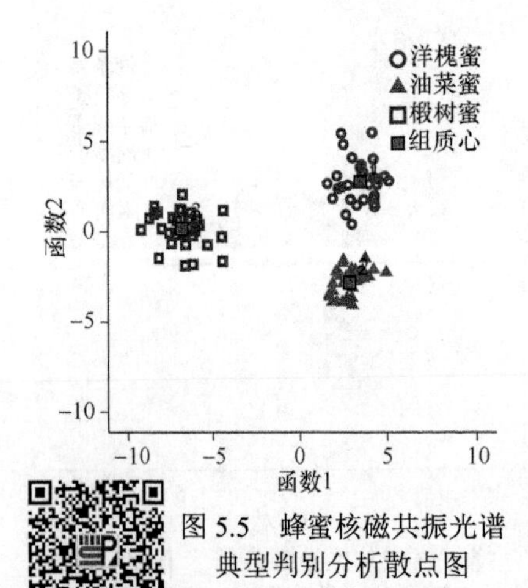

图 5.5　蜂蜜核磁共振光谱典型判别分析散点图

图 5.5 为典型判别分析结果图。从图 5.5 中可以看出洋槐蜜、油菜蜜和椴树蜜的样本组质心距离均较远，且 3 个蜂蜜品种均有围绕组质心集中的趋势。因此，洋槐蜜、油菜蜜和椴树蜜可以较好地区分开。

四、结果与讨论

本实验采用核磁共振氢谱技术与化学计量学方法相结合，对荔枝蜜、洋槐蜜、椴树蜜、荆条蜜和油菜蜜进行品种分类。典型判别分析结果显示，对洋槐蜜和荆条蜜的鉴别效果最好，判别率均达到 95%以上；对荔枝蜜、油菜蜜和椴树蜜的鉴别结果相对较差，但是由典型判别分析散点图可知，洋槐蜜、油菜蜜和椴树蜜的组质心相对较远，区分效果比较明显。因此，进一步对此 3 种蜂蜜进行鉴别。典型判别分析的结果显示，椴树蜜的鉴别效果最好均达到 100%，油菜蜜和洋槐蜜的鉴别效果也较好，判别率均达到 93%以上。因此，核磁共振氢谱技术可以有效地对洋槐蜜、油菜蜜和椴树蜜进行品种鉴别。

主要参考文献

鲍胜浩，储岳森．1996．核磁共振成像系统中的数据处理与图像重建技术［J］．生物医学工程学杂志，4：328-332．

胡俊刚．2000．现代核磁共振技术在食品科学中的应用［J］．食品研究与开发，21（1）：11-16．

姜凌，刘买利．2011．核磁共振技术在生物研究中的应用［J］．物理，40（6）：366-373．

李爱平，李震宇，邢婕，等．2013．核磁共振代谢组学技术检测食醋化学成分［J］．食品化学，34（12）：247-253．

毛希安．1997．NMR 前沿领域的若干新进展［J］．化学通报，（2）：13-16．

裘晓俊．2008．核磁共振波谱仪检测灵敏度及其优化技术［D］．厦门：厦门大学硕士学位论文．

吴磊，何小维，黄强，等．2008．核磁共振（NMR）技术在淀粉研究中的应用［J］．食品工业科技，29（04）：317-320．

严宝珍．1995．核磁共振在分析化学中的应用［M］．北京：化学工业出版社．

严衍禄．2010．现代仪器分析［M］．北京：中国农业大学出版社．

周相娟．2007．现代仪器分析技术在食品品质鉴别中的应用［J］．食品研究与开发，28（10）：181-184．

Boffo E F, Tavares L A, Ferreira M M C. 2009. Classification of Brazilian vinegars according to their ^{1}H NMR spectra by pattern recognition analysis [J]. LWT-Food Science and Technology, 42: 1455-1460.

Boffo E F, Tavares L A, Tobias A C T, et al. 2012. Identification of components of Brazilian honey by ^{1}H NMR and classification of its botanical origin by chemometric methods [J]. LWT-Food Science and Technology, 49 (1): 55-63.

Caligiani A, Palla L, Acquotti D, et al. 2014. Application of ^{1}H NMR for the characterisation of cocoa beans of different geographical origins and fermentation levels [J]. Food Chemistry, 157 (8): 94-99.

Charlton A J, Farrington W H, Brereton P. 2002. Application of ^{1}H NMR and multivariate statistics for screening complex mixtures: qualitycontrol and authenticity of instant coffee [J]. Journal of Agricultural and Food Chemistry, 50 (11): 3098-3103.

Clausen M R, Pedersen B H, Bertram H C, et al. 2011. Quality of sour cherry juice of different clones and cultivars (*Prunus cerasus* L.) determined by a combined sensory and NMR spectroscopy approach [J]. Journal of Agricultural and Food Chemistry, 59: 12124-12130.

Donarski J A, Jones S A, Harrison M, et al. 2010. Identification of botanical biomarkers found in Corsican honey [J]. Food Chemistry, 118 (4): 987-994.

Elisangela F B, Leila A T, Antonio C T T, et al. 2012. Identification of components of Brazilian honey by ^{1}H NMR and classification of is botanical origin by chemometric methods [J]. LWT-Food Science and Technology, 49: 55-63.

Ericha S, Schill S, Annweiler E, et al. 2015. Combined chemometric analysis of ^{1}H NMR, 13CNMR and stable isotopedata to differentiate organic and conventional milk [J]. Food Chemistry, 188: 1-7.

Kwon Y K, Bong Y S, Lee K S, et al. 2014. An integrated analysis for determining ICP-AES/ICP-MS and 1HNMR analysis [J]. Food Chemistry, 161 (10): 168-175.

Longobardia F, Ventrella A, Bianco A, et al. 2013. Non-targeted ^{1}H NMR fingerprinting and multivariate statistical analyses for the characterization of the geographical origin of Italian sweet cherries [J]. Food Chemistry, 141 (3): 3028-3033.

Ribiro O R R, Marsico E, carneiro C S, et al. 2014. Classification of Brazilian honeys by physical and chemical analytical methods and low field nuclear magnetic resonance (LF ^{1}H NMR) [J]. LWT-Food Science and Technology, 55: 90-95.

Simova S, Atanassov A, Shishiniova M, et al. 2012. A rapid differentiation between oak honeydew honey and nectar and other honeydew honeys by NMR spectroscopy [J]. Food Chemistry, 134 (3): 1706-1710.

Skoog D A，West D M．1980．Principles of Instrumental Analysis [M]．2nd ed. New York: America Saunders College: 377.

Son H, Hwang G, Kim K M, et al. 2009. Metabolomic studies on geographical grapes and their wines using ^{1}H NMR analysis coupled with multivariatic statistics [J]. Journal of Agricultural and Food Chemistry, 57 (4): 1481-1490.

Son H, Kim K M, Van Den Berg F, et al. 2009. ^{1}H nuclear magnetic resonance-based metabolomic characterization of wines by grape varieties and production areas [J]. Journal of Agricultural and Food Chemistry, 57 (4): 1481-1490.

Viggiani L, Morelli M A C. 2008. Characterization of wine by nuclear magnetic resonance: a work study on wines from the Basilicata region in Italy [J]. Journal of Agricultural and Food Chemistry, 56 (18): 8273-8279.

Watson D G, Peyfoon E, Zheng L, et al. 2006. Application of principal components analysis to ^{1}H NMR data obtained from propolis samples of different geographical origin [J]. Phytochemical Analysis, 17: 323-331.

第六章　稳定同位素指纹分析技术在蜂产品溯源中的应用

第一节　稳定同位素指纹分析技术介绍

一、基本原理及特点

同位素是指质子数相同而中子数不同的同种化学元素。根据原子核的稳定性将其分为放射性同位素和稳定同位素。放射性同位素又称为放射性核素，因原子核“衰变”而不间断地自发释放出α射线、β射线或γ射线，直至变成另一种稳定同位素。通常用半衰期表示放射性核素衰变速度。稳定同位素半衰期显著长于放射性核素，常见的稳定同位素主要有C、N、H、O、S等，具有无放射性，无二次污染，在制备、合成、使用过程中无需特殊防护，操作安全简便等优点。

同位素丰度指某种同位素在元素中的相对含量。质量数不同的同位素及其化合物在物理和化学性质上的差异称为同位素效应。一般情况下元素的同位素相对质量差越大，同位素效应越显著。由于同位素效应所造成的同位素以不同比例在不同物质或不同相之间的分配称为同位素分馏。在自然界中，物理、化学及生物化学等因素均会引起同位素组成与丰度变化。

稳定同位素指纹分析技术的基本原理与依据是稳定同位素的自然分馏效应。由于不同地区的大气、土壤、水等环境中含有生源要素同位素组成具有差异，加之生物体内的同位素组成受气候、环境和生物代谢类型等因素的影响，导致不同种类及不同地域来源的生物中同位素自然丰度存在差异，利用这种差异可以区分其可能的来源（林光辉，2013）。这种同位素自然丰度的差异是不同地区各环境条件对生物同位素组成产生影响的综合体现。生物体中稳定同位素组成是物质的自然属性，可作为物质的“自然指纹”，是外部环境在生物体中打下的“烙印”。因此，根据生物体同位素自然分馏的结果可判断生物体的生长环境并对其进行溯源。另外，生物体内稳定同位素的种类及分布状态随加工、贮藏等变化的幅度很小，是食品原料种（养）环境条件的标签（郭波莉，2009）。

同位素比值是元素中重同位素与轻同位素丰度的比值，用R表示，如$^{13}C/^{12}C$。实际研究中常常是比较样品的同位素比值与标准样品同位素比值，用δ表示，单位为‰。公式如下：

$$\delta（‰）=（R_{样}/R_{标}-1）\times 1000$$

式中，$R_{样}$表示样品的同位素比值；$R_{标}$表示标准样品的同位素比值。

$\delta>0$，表明样品较标准样品含较重的同位素；$\delta<0$，表明样品较标准样品含

较轻的同位素；$\delta=0$，表明样品与标准样品同位素比值一致。

二、稳定同位素仪器

（一）主要装置

稳定同位素检测装置主要由 6 个部分构成：进样系统、离子源、质量分析器、检测器，以及电气系统和真空系统。根据检测目的不同连接不同的检测装置以达到想要的结果。常用的有元素分析-稳定同位素仪（EA-IRMS）、高效液相色谱-同位素比质谱仪（HPLC-IRMS）、气相色谱-同位素比质谱仪（GC-IRMS）等，通过与不同检测仪器的合作与改进，提高实验结果的精确度和高效率。

（二）工作流程

以 EA-IRMS 装置为例（图 6.1）。待测样品经过预处理后，紧密包裹在锡杯中，经自动进样器送入 EA 的氧化柱中。样品在过氧环境中瞬间高温分解，形成的含碳、氮、氧、硫等各成分的混合气体在高纯氦气（99.999%）的运载下依次通过还原柱、吸水柱和分离柱进入进样系统。此刻，样品中的碳已经转化为 CO_2，色谱分离柱将各气体物质进行分离、纯化；CO_2 通过进样系统整流后在高纯氦气的运载下送入 IRMS 的离子源中；离子源将 CO_2 样品中的原子、分子电离成为离子，质量分析器将离子按照质荷比的大小分离开，离子检测器测量并记录离子流强度，得出质谱图；以高纯 CO_2（99.995%）作为参考标准，最后通过数据处理软件进行计算，获得样品碳的同位素比值。

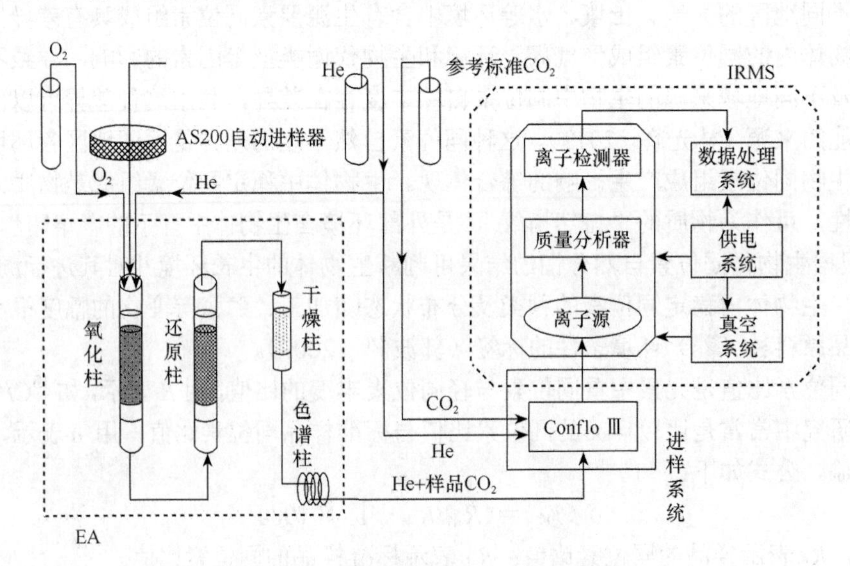

图 6.1　EA-IRMS 系统主要装置结构

三、在蜂蜜品种溯源中的应用进展

自 1912 年英国物理学家 Thomson 发现了稳定同位素的存在之后，伴随着定量检测手段有了质的飞跃，色谱-质谱联用技术和傅里叶变换-核磁共振技术的诞生，以及碳稳定同位素示踪技术的发明，稳定同位素技术开始得以真正意义上的发展和应用。

稳定同位素技术的无毒害副作用，不改变检测物的物理化学性质，不随时间长短而发生变化；鉴于这种自然属性的特异性，可通过研究其稳定同位素比值而发现、追踪、研究、鉴别。稳定同位素技术最早应用于物理、地质和大气等其他学科，作为独特的示踪剂和对环境条件的指示器。

稳定同位素比值技术最早在食品中的应用是美国学者 White 于 1978 年用该技术鉴别蜂蜜掺假。基于蜜源植物大部分是 C3 植物，而生产高果糖糖浆的玉米是 C4 植物这一原理，White 等在蜂蜜 C4 植物糖掺假判别方面开展了一系列非常重要的研究工作，蜂蜜的δ^{13}C 值如果大于－23.5‰就有可能是掺假蜂蜜，同时将蜂蜜蛋白质作为内标建立了蜂蜜 C4 植物糖掺假判别方法。AOAC 在 White 等的研究基础上制定了蜂蜜 C4 植物糖掺假判别方法标准。2002 年，我国也制定了用稳定碳同位素法测定蜂蜜中 C4 植物糖含量的国家标准（GB/T 18932.1—2002）。

目前，稳定同位素技术在食品或农产品溯源中的应用越来越广泛。但是将其应用于蜂蜜植物和地理来源溯源研究的报道相对较少，从 2010 年开始有文献报道稳定同位素技术用于蜂蜜溯源研究。Schellenberg 等测定了欧洲 20 个不同地区不同蜂蜜品种共 516 个蜂蜜样品的 C、N、H 和 S 稳定同位素比值，结果发现，蜂蜜蛋白中的氢同位素和当地的降水量及地下水有关。碳同位素主要受气候影响。硫同位素值主要受当地地理位置和表面地质环境影响。其中不同来源蜂蜜的蛋白质中 C 和 S 稳定同位素比值差异较大，有 7 个地区的蜂蜜正确识别率大于 70%。近年来，相关研究内容陆续报道。本章主要介绍利用碳、氢、氧稳定同位素技术鉴别我国不同品种蜂蜜。

第二节　碳稳定同位素技术鉴别蜂蜜品种

碳有两种稳定同位素，^{12}C 约占 98.89%，^{13}C 约占 1.11%。不同成因的δ^{13}C 值差异很大，其中生物成因的δ^{13}C 大约为－25‰。土壤中有机物产生的 CO_2 富 ^{12}C 而贫 ^{13}C，大气中则富 ^{13}C 而贫 ^{12}C。植物中的碳主要来源于大气中的 CO_2，通过光合作用生成碳水化合物。物体内的碳稳定同位素的分馏作用主要完成于植物的光合作用过程中。植物吸收利用、同化 CO_2 过程的光合作用可以使植物不同程度地富集 ^{12}C，此外，植物内的δ^{13}C 还受到温度、降水、CO_2 浓度等多种因素的影响，从而产生品种间的碳稳定同位素比值差异。蜂蜜为蜜蜂采集植物花蜜或分泌物，经过充分酿造而贮藏在巢脾内的甜物质，花粉是蜜蜂天然日粮中唯一的蛋白质营养来源，Roulston 等对 93 科 377 种的植物花粉进行蛋白质含量分析，发现不同植物花粉间蛋白含量差异很大，从 2.3%至 61.7%不等。因此，利用碳稳定同位素技术检测蜂蜜植物来源具有极为充分的理论依据和可行性。

一、实验材料与主要仪器设备

（一）实验材料

本实验的 184 个蜂蜜样品均直接来源于不同地区蜂场，包括枣花蜜、荆条蜜、椴树蜜、葵花蜜、油菜蜜和洋槐蜜共 6 个品种，其中椴树蜜 23 个、葵花蜜 18 个、苕子蜜 17 个、油菜蜜 52 个、枣花蜜 22 个、洋槐蜜 52 个。为了避免蜜蜂种类的影响，这些蜂蜜均由意蜂进行采集。表 6.1 为蜂蜜样品来源及其特征。

表 6.1　蜂蜜样品来源及特征

蜂蜜品种	地源	特征	个数
椴树蜜	东北地区	浅黄剔透，白色结晶	23
葵花蜜	内蒙古地区	金黄色，无结晶	18
苕子蜜	云南地区	浅琥珀色，白色结晶	17
油菜蜜	东北地区、云南地区和陕西省	白色，白色结晶	52
洋槐蜜	东北地区和陕西省	浅白色，无结晶	52
枣花蜜	东北地区和陕西省	琥珀色，无结晶	22

（二）主要试剂和仪器设备

（1）试剂：钨酸钠（$Na_2WO_4·2H_2O$）、硫酸（H_2SO_4）、橄榄油标准物质（$\delta^{13}C$＝－30.031‰）、咖啡因标准品（$\delta^{13}C_{PDB}$＝－27.771‰）。

（2）仪器设备：Flash 2000 型 Delta v Thermo Finnigan 同位素质谱仪，水浴锅，离心机，Milli-Q 型纯水器，万分之一电子分析天平，电热鼓风干燥箱。

二、样品处理与分析

（一）仪器检测原理

将被测样品放入锡杯中，密封，通过自动进样器进入到元素分析仪氧化柱中，样品中的碳元素在 960℃的温度条件下转化为 CO_2。离子源将 CO_2 样品中的原子、分子电离成为离子，质量分析器将离子按照质荷比的大小分离开，以离子检测器测量，记录离子流强度，以橄榄油标准品的$\delta^{13}C$ 值和咖啡因标准品的$\delta^{13}C$ 值作为参考标准，得出质谱图；最后通过数据处理系统进行计算，测得样品的碳同位素$\delta^{13}C$ 比值。

（二）样品预处理

1．蜂蜜样品预处理

称取约 1g 蜂蜜样品于 10mL 离心管中，加水至 10mL，移取 3μL 至 8mm×5mm 锡杯中；移取 300μg 橄榄油标准物和 300μg 咖啡因标准品于 8mm×5mm 锡杯中作为蜂蜜样品检测的标准样品。样品均包成小球状，放入 96 孔酶标板中，待测。

2．蜂蜜蛋白质样品预处理

称取 10～12g 蜂蜜样品于 50mL 离心管中，加入 5mL 水混匀。在一支 20mL 量筒中加入 2.0mL 10%钨酸钠溶液和 2.0mL 0.335mol/L 硫酸溶液，迅速混匀后，加入到上述盛有蜂蜜样品的离心管中，混匀。置于 80℃水浴中加热不少于 30min，在加热过程中每间隔 5～10min 旋转混合离心管中内容物 20s，直到有絮状物析出。以水注满离心管并混合后，在 4℃下以转速为 3410r/min 下离心 5min，倒掉上层清液，再以约 50mL 水充分洗涤沉淀物并离心，如此反复洗涤沉淀物 5 次，最后倒干上清液，将含有沉淀蛋白质的离心管置于 75℃烘箱中干燥 3h 以上。称取上述烘干的蛋白质 3.0mg 于 8mm×5mm 锡杯中，密封备用。称取 300μg 橄榄油标准物和 300μg 咖啡因标准品于 8mm×5mm 锡杯中，密封备用，作为蜂蜜蛋白质样品检测的标准样品。均包成小球状，放入 96 孔酶标板中，待测。

三、数据处理与分析

分析软件采用 SPSS 17.0 版本进行方差分析和多重比较，用 Origin 9.0 版本进行相关性分析。

（一）蜂蜜及其蛋白 $\delta^{13}C$ 值分布

图 6.2 为蜂蜜 $\delta^{13}C$ 的频率分布直方图，其中横坐标表示蜂蜜 $\delta^{13}C$ 的值，纵坐标表示蜂蜜样品个数。图 6.3 为蜂蜜蛋白 $\delta^{13}C$ 的频率分布直方图，其中横坐标表示蜂蜜蛋白 $\delta^{13}C$ 的值，纵坐标表示蜂蜜蛋白样品个数。由图 6.2 和图 6.3 可以看出，蜂蜜的 $\delta^{13}C$ 值范围是－29‰～－22‰，蜂蜜蛋白的 $\delta^{13}C$ 值范围是－28‰～－22‰，均主要分布在－25‰～－23‰。

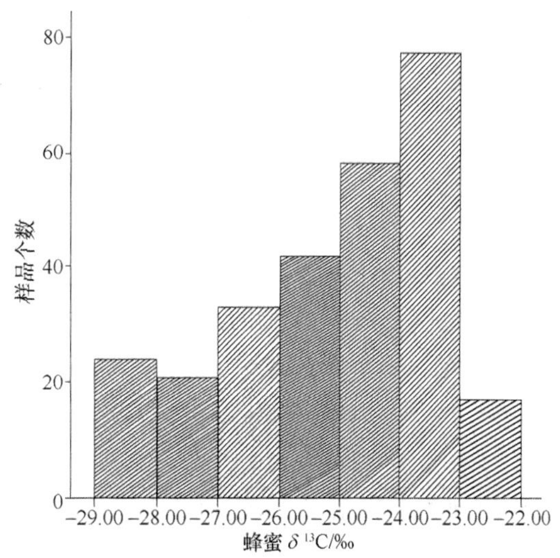

图 6.2　蜂蜜 $\delta^{13}C$ 的频率分布直方图

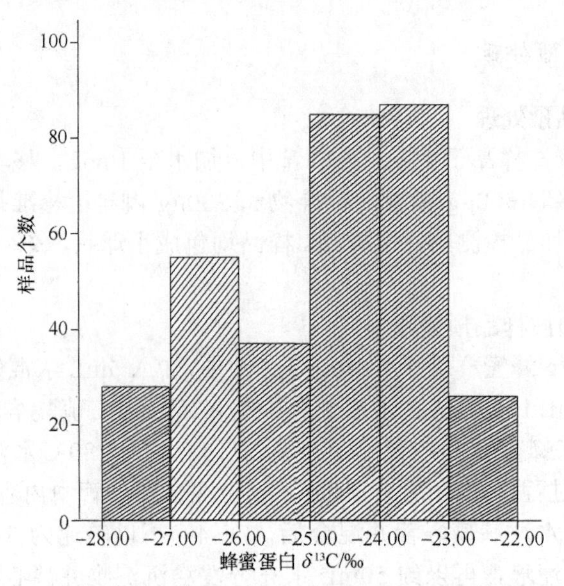

图 6.3　蜂蜜蛋白 $\delta^{13}C$ 的频率分布直方图

（二）蜂蜜品种差异性分析

表 6.2 为各个品种蜂蜜及其蜂蜜蛋白的 $\delta^{13}C$ 值。从表 6.2 可以计算出，在 6 种蜂蜜中，同种蜂蜜 $\delta^{13}C$ 平均值与其蜂蜜蛋白 $\delta^{13}C$ 平均值的差值绝对值为 0.05‰～0.73‰。Rogers 等（2014）研究表明，蜂蜜与蜂蜜蛋白之间的碳同位素比值差值在 1‰以内，则蜂蜜均为不掺假的蜂蜜。由于本实验 6 种蜂蜜均为真实蜂蜜，而且 $\delta^{13}C$ 平均值与其蜂蜜蛋白 $\delta^{13}C$ 平均值的差值小于 1‰，与文献报道相符。

表 6.2　蜂蜜及蜂蜜蛋白的 $\delta^{13}C$ 值

指标	C_h 范围/‰	C_h 平均值（‰）±标准偏差（%）	C_p 范围/‰	C_p 平均值（‰）±标准偏差（%）
椴树蜜	−26.86～−25.07	-25.90 ± 0.65^{a}	−26.46～−23.25	-25.17 ± 0.81^{b}
葵花蜜	−26.08～−23.78	-24.61 ± 0.64^{b}	−25.44～−22.59	-23.93 ± 0.92^{d}
苕子蜜	−26.60～−23.99	-25.14 ± 0.95^{c}	−25.57～−23.12	-24.41 ± 0.69^{c}
油菜蜜	−28.95～−25.97	-27.67 ± 0.84^{d}	−27.95～−25.91	-27.05 ± 0.51^{a}
洋槐蜜	−24.99～−22.04	-23.93 ± 0.61^{f}	−27.95～−22.39	-23.98 ± 0.68^{d}
枣花蜜	−23.88～−22.62	-23.43 ± 0.31^{e}	−24.55～−23.51	-24.13 ± 0.25^{cd}

注：C_h 代表蜂蜜 $\delta^{13}C$ 值，C_p 代表蜂蜜蛋白 $\delta^{13}C$ 值。右上角标注的小写字母表示差异显著（$P<0.05$）

通过方差分析及多重比较的结果显示，不同蜂蜜品种中的 $\delta^{13}C$ 之间存在显著差异，其中油菜蜜、椴树蜜、苕子蜜、葵花蜜、椴树蜜和洋槐蜜之间均具有明显的差异，蜂蜜的$\delta^{13}C$平均值的排序为：枣花蜜（$\delta^{13}C=-23.43‰$）＞洋槐蜜（$\delta^{13}C=-23.93‰$）＞葵花蜜（$\delta^{13}C=-24.61‰$）＞苕子蜜（$\delta^{13}C=-25.14‰$）＞椴树蜜（$\delta^{13}C=-25.90‰$）＞油菜蜜（$\delta^{13}C=-27.67‰$）；同样的，某些蜂蜜蛋白中的$\delta^{13}C$ 值也有所差异，在蜂蜜蛋白中，油菜蜜蛋白与其他品种蜂蜜蛋白有明显差异；椴树蜜蛋白与其他品种蜂蜜蛋白有明显差异；苕子蜜蛋白与枣花蜜蛋白无明显差异，而与剩下的 4 种类型的蜂蜜蛋白均有显著性差异；枣花蜜蛋白与油菜蜜蛋白和椴树蜜蛋白均有显著差异，而与其他剩余的 3 个蜂蜜蛋白无显著差异；葵花蜜蛋白与洋槐蜜蛋白及枣花蜜蛋白无显著差异，而与剩下的 3 种蜂蜜蛋白有显著差异，洋槐蜜蛋白与葵花蜜蛋白及枣花蜜蛋白无显著差异，而也与剩下的 3 种蜂蜜蛋白有显著差异。蜂蜜蛋白$\delta^{13}C$ 平均值排序：葵花蜜蛋白（$\delta^{13}C=-23.93‰$）＞洋槐蜜蛋白（$\delta^{13}C=-23.98‰$）＞枣花蜜蛋白（$\delta^{13}C=-24.13‰$）＞苕子蜜蛋白（$\delta^{13}C=-24.41‰$）＞椴树蜜蛋白（$\delta^{13}C=-25.17‰$）＞油菜蜜蛋白（$\delta^{13}C=-27.05‰$）。

因此，可以利用蜂蜜$\delta^{13}C$ 值及其蜂蜜蛋白$\delta^{13}C$ 指标鉴别蜂蜜品种。

四、结果与讨论

根据 6 种不同植物源蜂蜜中$\delta^{13}C$ 及其蛋白$\delta^{13}C$ 差异性分析结果，表明碳稳定同位素质谱技术鉴别蜂蜜品种具有可行性。6 种蜂蜜中同种蜂蜜$\delta^{13}C$ 平均值与蜂蜜蛋白的$\delta^{13}C$ 平均值的差异为 0.05‰～0.73‰，说明这 6 个蜂蜜品种品质较好；其中蜂蜜蛋白$\delta^{13}C$ 范围较集中，蜂蜜$\delta^{13}C$ 值范围较分散。

方差分析及多重比较的结果显示，不同品种蜂蜜$\delta^{13}C$ 值均存在显著差异；同样的，某些蜂蜜蛋白$\delta^{13}C$ 值也有所差异。这表明蜂蜜$\delta^{13}C$ 值可以用于区分蜂蜜品种，蜂蜜蛋白$\delta^{13}C$ 值可以用于区分部分蜂蜜品种。本实验说明蜂蜜$\delta^{13}C$ 值对蜂蜜品种鉴别具有可行性，可为蜂蜜品种与$\delta^{13}C$ 之间的关系提供理论依据。

第三节　氢、氧稳定同位素技术鉴别蜂蜜品种

氢和氧是水分子的组成部分。氢主要有 ^{1}H、^{2}H（氘，D）两种稳定同位素，^{1}H 和 D 相对丰度分别约为 99.985%和 0.015%，常用 $^{1}H/^{2}H$ 表示稳定性氢同位素组成。氢同位素相对质量最大，同位素分馏也最明显。氧有 ^{16}O、^{17}O、^{18}O 三种同位素，其相对丰度分别为 99.762%、0.038%、0.200%。常用 $^{18}O/^{16}O$ 表示稳定性氧同位素组成。一般而言，自然界水中氢、氧同位素比率具有典型的纬度效应、陆地效应、季节效应及高程效应，即δD、$\delta^{18}O$ 值与纬度、温度、降水量等密切相关。δD、$\delta^{18}O$ 随纬度的增加而减小，由海岸向内陆方向呈递减趋势，气温越低，重元素含量越低，海拔增加，δD、$\delta^{18}O$ 值减小。高纬度地区影响降水中稳定同位素比率变化的主要因素是温度，在低纬度热带地区则是降水量，中纬度地区温

度和降水量共同影响同位素比率的变化。动植物进行物质交换时，从环境中获得水，其组织中的同位素比率与其生长地域的环境直接相关。

我国幅员辽阔，蜂蜜不同产地的地理、气候条件存在很大的差异，蜂蜜的植物来源千差万别，而植物类型是影响氢、氧同位素组成的主要因素。蜂蜜植物源所属产地的土壤中的氢、氧同位素组成的差异，也将影响蜂蜜氢、氧同位素的组成。因此，通过氢、氧稳定同位素技术，将可以达到识别蜂蜜来源以及鉴定掺假成分的目的。

一、实验材料与主要仪器设备

（一）实验材料

蜂蜜样品同第六章第二节实验材料部分。

（二）主要试剂和仪器设备

（1）试剂：维也纳标准平均大洋水（vienna standard mean ocean water，V-SMOW），USGS43（δ^2H＝－50.3‰），EMA P1（δ^2H＝－25.3‰），EMA P2（δ^2H＝－87.80‰），USGS43（δ^{18}O＝14.11‰），EMA P1（δ^{18}O＝20.99‰）和 EMA P2（δ^{18}O＝26.9‰）。

（2）仪器设备：Flash 2000 型 Delta v Thermo Finnigan 同位素质谱仪，水浴锅，离心机，Milli-Q 型纯水器，万分之一电子分析天平，电热鼓风干燥箱。

二、样品处理与分析

（一）样品预处理

称取 80μg 的蜂蜜样品放入 5mm×8mm 的小银杯中，包成小球状，放入 96 孔的酶标板中。在测定之前，样品和标准品均放在实验室的平衡架上，于室温条件下平衡 96h 以上。

（二）氢稳定同位素

蜂蜜样品利用同位素质谱仪在 1420℃的高温下分解成 H_2、N_2 和 CO 气体，然后经过 80℃的纯化柱，利用孔径为 5Å 的分子筛除去 N_2 和 CO 气体，得到纯净的 H_2，进入连续流动的同位素比率质谱仪（CF-IRMS）中进行测定。载气 He 的流量为 100mL/min，样品在载气作用下的流量为 50mL/min。

（三）氧稳定同位素检测

蜂蜜样品氧同位素测定：通过自动采样器送入高温元素分析仪（TC-EA）。蜂蜜样品利用同位素质谱仪在 1420℃的高温下电离为 CO 气体，然后经过柱温为 90℃的气相色谱柱，最后进入同位素比率质谱仪（IRMS）中进行测定。载气 He 的流量为

70mL/min，标准气体为CO。δ^2H和δ^{18}O的相对标准为V-SMOW。计算公式为

$$\delta_x = (R_{样品}/R_{标准} - 1) \times 1000$$

δ_x是以样品的相对参考物质的同位素值进行表达，单位为‰。$R_{样品}$和$R_{标准}$分别代表样品和参考物质的绝对数值。δ^2H和δ^{18}O的质控分别为EMA P1（δ^2H＝－25.3‰）和EMA P2（δ^2H＝－87.80‰），USGS43（δ^{18}O＝14.11‰）和EMA P1（δ^{18}O＝20.99‰）、EMA P2（δ^{18}O＝26.9‰）。分析的精确度分别为δ^2H≤2‰和δ^{18}O≤0.2‰。

三、数据处理与分析

实验数据应用SPSS 17.0版进行方差分析及多重比较，利用origin 9.0版本作盒状图。盒状图能够直观地看出每个体系的全部观测值，显示指标的集中趋势。图中有一条从最高数值到最低数值的竖线，这就是盒状图中的“须”。封闭盒子的上下两横向直线为上下四分位数，即数据有1/4的数目大于上四分位数，在盒子的上端；另外有1/4的数目小于下四分位数，在盒子的下端；有一半的数目在中间封闭盒子的范围内；盒子的中心横线是数据的中位数；盒子的中心点是数据的平均值。

（一）不同蜂蜜品种中δ^2H和δ^{18}O差异性分析

图6.4表示不同蜂蜜品种δ^2H的值，其中纵坐标表示不同蜂蜜品种δ^2H的值；图6.5表示不同蜂蜜品种δ^{18}O的值，其中纵坐标表示不同蜂蜜品种δ^{18}O的值；通过方差分析和多元比较得出结论（显著水平$P<0.05$），不同蜂蜜品种δ^2H和δ^{18}O均具有显著差异。蜂蜜δ^2H平均值的排列顺序为：洋槐蜜＞枣花

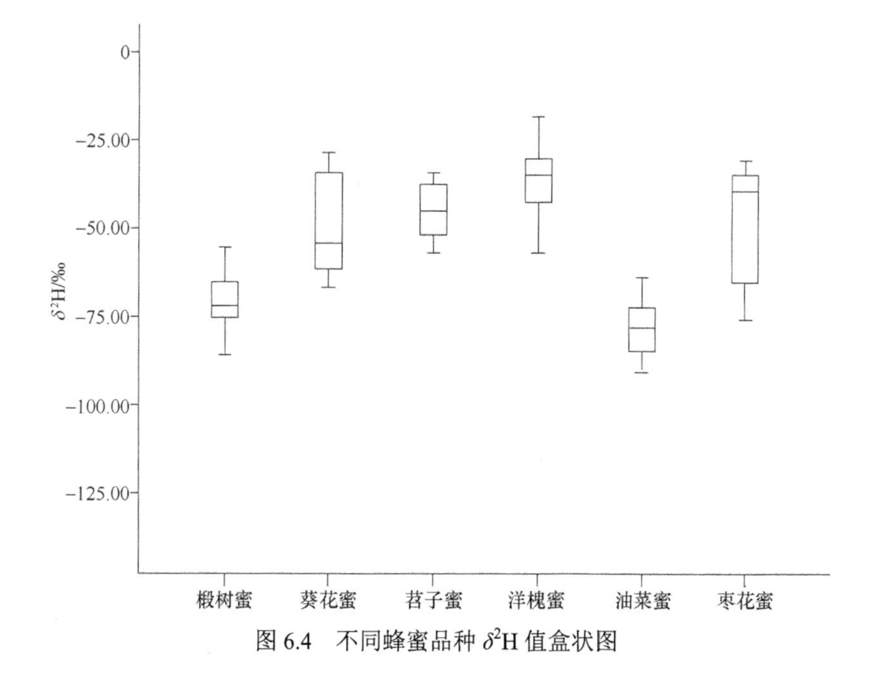

图6.4　不同蜂蜜品种δ^2H值盒状图

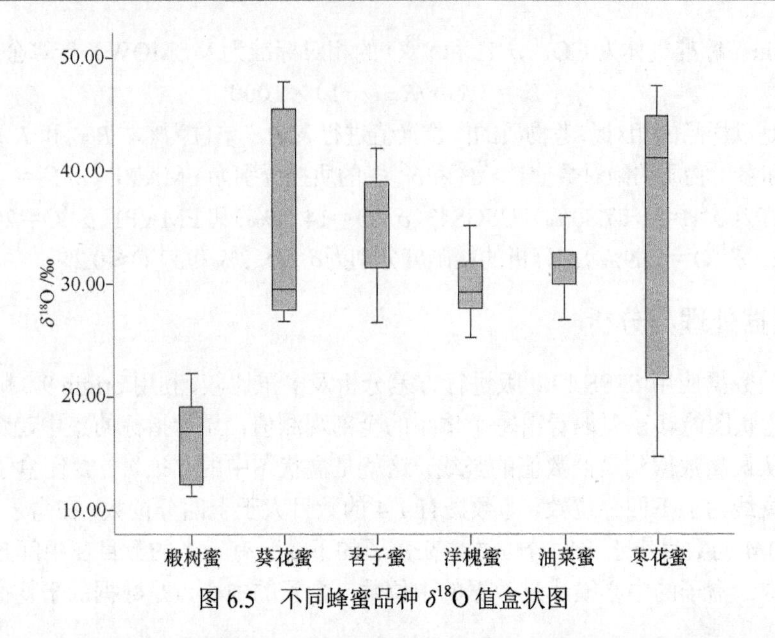

图 6.5　不同蜂蜜品种 δ^{18}O 值盒状图

蜜＞苕子蜜＞葵花蜜＞椴树蜜＞油菜蜜（图 6.4）。蜂蜜δ^{18}O 平均值的排列顺序为：枣花蜜＞苕子蜜＞油菜蜜＞洋槐蜜＞葵花蜜＞枣花蜜＞椴树蜜（图 6.5）。

（二）δ^{2}H 和δ^{18}O 鉴别蜂蜜品种

图 6.6 表示蜂蜜同位素散点图［δ^{2}H（‰） vs δ^{18}O（‰）］，其中横坐标表示不

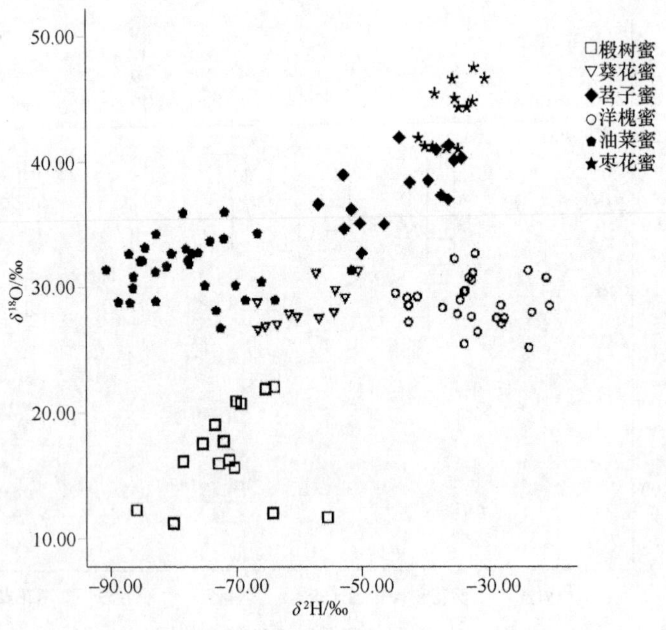

图 6.6　蜂蜜同位素散点图［δ^{2}H（‰） vs δ^{18}O（‰）］

同蜂蜜品种δ^2H 的值，纵坐标表示不同蜂蜜品种δ^{18}O 的值。从图 6.6 可以直观地看出，不同蜂蜜品种中δ^2H 和δ^{18}O 有很大差异，它们对不同品种的蜂蜜区分效果非常明显且各自品种呈现聚集趋势。

其中，油菜蜜的δ^2H 在 6 个品种蜂蜜中最低，其位于坐标轴的最左方；洋槐蜜中δ^2H 在 6 个蜂蜜品种中最高，其位于坐标轴的最右方；椴树蜜的δ^{18}O 在 6 个蜂蜜品种中最低，其位于坐标轴的最下方；枣花蜜的δ^{18}O 在 6 个蜂蜜品种中最高，其位于坐标轴的最上方。苕子蜜较为分散，且与枣花蜜有轻微的重叠。葵花蜜处于其他 5 个蜂蜜品种的中部。研究表明，蜂蜜中的 H 同位素的比率的大小是由其植物源在光合作用和呼吸作用中吸收及运输水分的能力所决定的。O 同位素比率的大小同样由其植物源吸收空气中的 CO_2 和 H_2O 的能力所决定。不同的蜂蜜植物源光合作用与呼吸作用的能力不一样。这些分析结果表明，可以利用 H 和 O 稳定同位素来区分我国不同品种的蜂蜜。

四、结果与讨论

根据 6 种不同植物源蜂蜜中δ^2H 及其δ^{18}O 差异，表明氢氧稳定同位素质谱法鉴别蜂蜜品种具有可行性。本实验利用稳定同位素质谱法分别测定椴树蜜、葵花蜜、苕子蜜、油菜蜜、枣花蜜和洋槐蜜的δ^2H 和δ^{18}O。

方差分析及多重比较结果显示，6 个蜂蜜蛋白品种中δ^2H 具有显著性差异，这表明这 6 个蜂蜜品种中δ^2H 可鉴别蜂蜜品种；同样的，6 个蜂蜜品种中δ^{18}O 平均值有显著性差异，说明 6 个蜂蜜品种δ^{18}O 可鉴别蜂蜜品种；同时，说明蜂蜜δ^2H 值和δ^{18}O 值对蜂蜜品种鉴别具有可行性且效果较好，可为今后研究蜂蜜品种与δ^2H 值和δ^{18}O 值之间的关系提供理论依据。由δ^2H 与δ^{18}O 散点图可知所有蜂蜜品种均能较好地分散开，且同一品种的蜂蜜聚集程度较好。因此，可以利用蜂蜜中δ^2H 和δ^{18}O 进行蜂蜜品种鉴别。

主要参考文献

陈辉，范春林，常巧英，等. 2013. 多元素组成和稳定同位素比值在蜂蜜溯源研究中的应用进展 [J]. 食品工业科技，34（22）：375-380.

陈历水，丁庆波，苏晓霞，等. 2013. 碳和氮稳定同位素在黑加仑产地区分中的应用 [J]. 食品科学，34（24）：249-253.

崔杰华，祁彪，王颜红. 2008. 植物样品中稳定碳同位素的 EA-IRMS 系统分析方法 [J]. 质谱学报，29（1）：24-29.

丁悌平. 1994. 稳定同位素地球化学研究新况 [J]. 地学前沿，1（3-4）：191-198.

段德玉，欧阳华. 2007. 稳定氢氧同位素在定量区分植物水分利用来源中的应用 [J]. 生态环境学报，16（2）：655-660.

郭波莉，魏益民，潘家荣. 2009. 牛肉产地溯源技术研究 [M]. 北京：科学出版社.

郭波莉. 2007. 牛肉产地同位素与矿物元素指纹溯源技术研究 [D]. 北京：中国农业科学院博士学位论文.

郭夏丽，罗丽萍，冷婷婷，等. 2010. 7 种不同蜜源蜂蜜的化学组成及抗氧化性 [J]. 天然产物研究与开发，22（4）：665-670.

李沈轶，胡柳花，隋丽敏，等. 2010. 利用内标碳同位素比率法研究蜂蜜中植物糖浆[J]. 食品工业科技，7：365-367.

林光辉．2013．稳定同位素生态学［M］．北京：高等教育出版社．

石辉，刘世荣，赵晓广．2003．稳定性氢氧同位素在水分循环中的应用［J］．水土保持学报，17（2）：163-166．

苏波，韩兴国，李凌浩，等．2000．中国东北样带草原区植物 $\delta^{13}C$ 值及水分利用效率对环境梯度的响应［J］．植物生态学报，24：648-655．

王国安．2001．中国北方草本植物及表土有机质碳同位素组成［D］．北京：中国科学院地质与地球物理研究所博士学位论文：34-156．

王慧文，杨曙明．2007．稳定同位素技术在农产品溯源体系中的应用［J］．食品工业科技，28（4）：200-203．

冼燕萍，罗海英，郭新东，等．2014．基于稳定同位素比值鉴别鱼翅干制品的品质［J］．现代食品科技，（6）：289-293．

项锦欣．2014．有机食品稳定同位素溯源技术研究进展［J］．食品科学，35（15）：345-348．

徐大刚，李良君，杜晓宁，等．2009．稳定同位素技术的研究与发展［C］．中国核学会2009年学术年会．北京：中国核学会：73-77．

徐生坚，李鑫，陈小珍，等．2014．氢和氧稳定同位素比率在橙汁掺假溯源鉴别中的应用初探［J］．食品工业，（6）：175-178．

严昌荣，韩兴国，陈灵芝，等．1998．温暖带落叶林主要植物叶片中 $\delta^{13}C$ 值的种间差异及时空变化．植物学报，40（9）：853-859．

钟敏．2013．用碳氮稳定同位素对大米产地溯源的研究［D］．大连：大连海事大学硕士学位论文．

Ambrose S H, DeNiro M J. 1986. The isotope ecology of East African mammals [J]. Oecologia, 69 (3): 395-406.

Antje S, Stefanie C, Claus S, et al. 2010. Multielement stable isotope ratios (H, C, N, S) of honey from different European regions [J]. Food Chemistry, 121(3): 770-777.

Canadell J, Jackson R B, Ehleringer J R, et al. 1996. A global reviewof rooting patterns. Ⅱ. Maximum rooting depth [J]. Oecologia, 108: 583-595.

Cotte J F, Casabianca H, Lhéritier J, et al. 2007. Study and validity of ^{13}C stable carbon isotopic ratio analysis by mass spectrometry and 2 H site-specific natural isotopic fractionation by nuclear magnetic resonance isotopic measurements to characterize and control the authenticity of honey [J]. Analytica Chimica Acta, 582(1): 125-136.

Croft L R. 1987. Stable isotope mass spectrometry in honey analysis [J]. Trands in Analytical Chemistry,6(8): 206-209.

Dawson T E, Pate J S. 1996. Seasonal water uptake and movement in root systems of Australian phreatophytic plants of dimorphic rootmorphology: a stable isotope investigation [J]. Oecologia, 107: 13-20.

Farquhar G D, And J R E, Hubick K T. 2003. Carbon Isotope Discrimination and Photosynthesis [J]. Annual Review of Plant Physiology & Plant Molecular Biology, 40(1): 503-537.

Fry B, Quinones R B. 1994. Biomass spectra and stable isotope indicators of trophic levelin zoop lank ton of the North-west A tlantic [J]. MarEco lrog Ser, 112: 201-204.

Ghidini S, Ianieri A, Zanardi E, et al. 2008. Stable isotopes determination in food authentication: a review [designation of origin] [J]. Interventional Neuroradiology, 14(2): 143-151.

Guler A, Kocaokutgen H, Garipoglu A V, et al. 2014. Detection of adulterated honey produced by honeybee (*Apis mellifera* L.) colonies fed with different levels of commercial industrial sugar (C 3, and C 4, plants) syrups by the carbon isotope ratio analysis [J]. Food Chemistry, 155(4): 155-160.

Hobson K A, Wasenaar L I. 1999. Stable isotope ecology: an introduction [J]. Oecologia, 120: 312-313.

Jeddar A, Kharsany A, Ramsaroop U G, et al. 1985. The antibacterial action of honey. An in vitro study [J]. South African medical journal = Suid-Afrikaanse tydskrif vir geneeskunde, 67(7): 257-258.

Neilson R P. 1995. A model for predicting continental-scale vegetationdistribution and water balance [J]. Ecological Applications, 5: 362-385.

Rodriquez-De1gado M A, Gonzalez-Hernandez G, Conde-Gonzales J E, et al. 2002. Principalcomponent analysis of the polyphenol content in young red wines [J]. Food Chemistry, 78(4) : 523-532.

Rogers K M, Sim M, Stewart S, et al. 2014. Investigating C-4 sugar contamination of manuka honey and other New Zealand honey varieties using carbon isotopes [J]. Journal of Agricultural & Food Chemistry, 62(12): 2605-2614.

Roulston T H, Cane J H, Buchmann S L. 2000. What Governs Protein Content of Pollen: Pollinator Preferences,

Pollen-Pistil Interactions, or Phylogeny? [J]. Ecological Monographs, 70(4): 617-643.

Schellenberg A, Chmielus S, Schlicht C, et al. 2010. Multielement stable isotope ratios (H, C, N, S) of honey from different European regions [J]. Food Chemistry, 121 (3): 770-777.

Shi H, Liu S R, Zhao X G. 2003. Application of stable hydrogen and oxygen isotope in water circulation [J]. Journal of soil and water conservation. 17(2): 163-166.

Simsek A, Bilsel M, Goren A C. 2012. 13 C/ 12 C pattern of honey from Turkey and determination of adulteration in commercially available honey samples using EA-IRMS [J]. Food Chemistry, 130(4): 1115-1121.

Wang J, Li Q X. 2011. Chapter 3—Chemical Composition, Characterization, and Differentiation of Honey Botanical and Geographical Origins [J]. Advances in Food & Nutrition Research, 62 (1): 89-137.

Williams P M, Gordon L I, 1970. Carbon13: Carbon 12 Ratios in Dissolved and Particulate Organic Matter in the Sea [J]. Deep-sea Research, 17: 19-27.

第七章　蜂蜜品种的矿物元素指纹分析技术

第一节　矿物元素指纹分析技术介绍

一、基本原理及特点

土壤、地质与岩石风化的母质密切相关，不同地层岩石背景形成不同的土壤质地，从而造成不同地域土壤中矿物元素组成、含量和比例等具有明显的地理地质特征性。由于矿物元素是生物体内基本组成成分，在生物体内不能合成，需要从周围环境中提取。而矿物元素受当地水、地质因素、土壤环境等影响，导致不同地域来源的生物体中矿物元素含量具有“指纹”特性，即可以通过分析农产品中矿物元素组成与含量筛选与农产品产地密切相关、稳定的矿物元素作为溯源特征指标。

矿物元素根据含量一般分为三类：常量元素、微量元素及痕量元素。例如，人体中必需的微量元素有铁、锌、钠、铬、锰、钴、镍、氟、碘、硒、钒、钼、锶、锡等。而有些元素是对人体有害的，如镉、汞、铅、砷、铊、锑、碲以及呈六价态的铬。还有一些元素被认为是对人体健康有益的，如锂、铌、硼、硅、锗、溴、铷等。这些微量元素在人体中的作用是很复杂的，是人体各机制正常运行必不可少的一部分。矿物元素指纹分析技术通过分析不同来源生物体中矿物元素的组成和含量，再利用方差分析、聚类分析和判别分析等数理统计方法筛选出有效指标，建立判别模型和数据库，实现食品溯源和确证。近年来，随着检测技术的提高、检测仪器的灵敏化和统计分析技术的高效化，矿物元素指纹图谱技术的优越性更加明显。目前较常用的技术有分光光度法、高效离子色谱法（HPIC）、中子活化分析法（NAA）、原子吸收/发射光谱法（AAS/AES）、原子荧光光谱法（AFS）、X 射线荧光光谱法（XRF）、电感耦合等离子体原子发射光谱法　（ICP-AES）、电感耦合等离子体质谱法（ICP-MS）等方法。其中 ICP-MS 法是目前最灵敏、准确、快速有效的多元素分析方法，它结合了等离子体（inductively coupled plasma，ICP）极佳的样品离子化和原子化特性，以及质谱仪高灵敏度和同位素比的分析能力，ICP 利用在电感线圈上施加的强大功率的高频射频信号在线圈内部形成高温等离子体，并通过气体的推动，保证了等离子体的平衡和持续电离，高温等离子体使大多数样品中元素都电离出一个电子而形成了一价正离子。质谱分析器通过选择不同质荷比的离子检测某个离子的强度，进而计算出某种元素的强度。

二、电感耦合等离子体质谱仪简介

近几年矿物元素的检测分析技术发展应用最为迅速的是电感耦合等离子体质

谱（ICP-MS）技术，它以独特的接口技术将 ICP 的高温（8000K）电离特性与四极杆质谱仪灵敏、快速扫描的优点相结合，形成了一种新型的元素和同位素分析技术。该项技术的最大优点在于检测限较其他检测方法可以更低，常应用于痕量元素的检测。

（一）主要装置

典型 ICP-MS 的基本构成如图 7.1 所示，主要包括进样系统、ICP 离子源、接口与离子聚焦透镜系统、质量分析器、真空系统、检测与数据处理系统。样品经进样系统进入电感耦合等离子发射器，解析和电离形成离子。这些离子通过接口引入高真空的质量分析器，根据不同的质荷比依次分开，分离后的离子选择相对应的电子倍增器来接收离子束，从而进行计数测量。

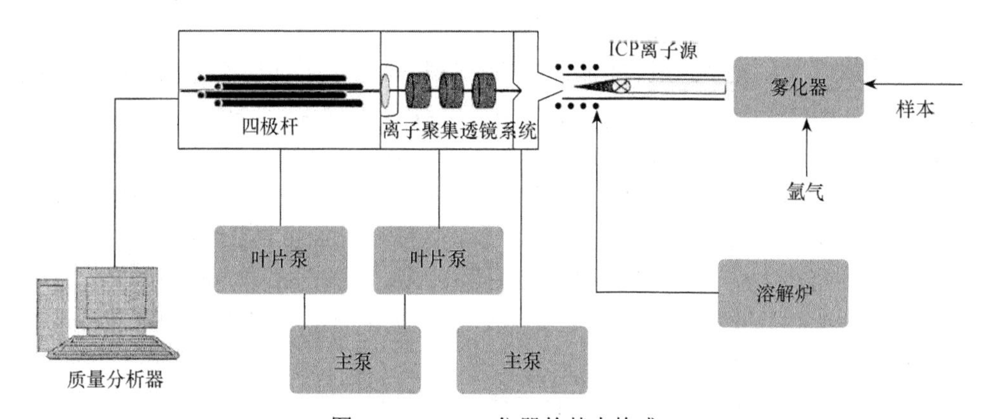

图 7.1 ICP-MS 仪器的基本构成

（二）工作流程

样品经过一定的预处理后，从进样系统进入到 ICP 仪器中。目前，几种主要的进样方式有：气体进样法、雾化进样法、流动注射进样法、电热蒸发进样法、液相色谱进样法、激光蒸发进样法、电弧和火花放电进样法、激光烧烛进样法、悬浮液进样等。样品经雾化器雾化后在氩气的带动下进入 ICP 后，较小直径的气溶胶在 ICP 中被去溶、蒸发、原子化进而离子化。ICP 与质谱仪之间的接口将 ICP 中提取离子送入 ICP-MS 真空系统。在离子聚焦透镜系统中除去光子和中性粒子并把样品离子进行聚焦传输到质量分析器，然后被检测器所检测。质量分析器利用电磁学原理将来自离子源的离子按质荷比大小分开，并把相同质荷比的离子聚焦在一起组成质谱，大多数 ICP-MS 均使用四极杆质量过滤器。最后，通过离子检测器进行检测分析所捕获到的信息。

三、在蜂产品溯源中的应用进展

众所周知，蜂蜜具有丰富的营养物质及药用价值。其中某些特性是由蜂蜜中的矿质元素所决定的。而蜂蜜中的矿质元素又取决于蜂蜜的品种与地源。蜂蜜矿质元素的来源不是由蜜蜂自身的组织所产生，而是主要由蜂蜜所采集的植物花蜜或花粉决定。而花蜜和花粉中的营养成分由植株提供，因此蜂蜜中矿物元素含量与组成受植株、地域环境因子（土壤、水、空气等）等因素的影响，可作为表征植株种类和地域信息的特异性指标。蜂蜜中矿物质含量为 0.02%～1.0%，主要含有 K、Ca、Na、Mg、Mn 等对人体健康有益的元素。不同植物来源的蜂蜜颜色与矿物质含量有关，深色蜂蜜矿物质含量比浅色蜂蜜高。蜂蜜矿质元素的含量可以反映蜜源植物和其周围土壤的质量。这些参数能够清晰地表明蜂蜜的品种与来源，所以蜂蜜的矿质元素可作为一个重要鉴别特征。

矿物元素指纹信息分析技术主要有电感耦合等离子体质谱（ICP-MS）、电感耦合等离子体发射光谱（ICP-AES）、原子吸收光谱（AAS）、原子荧光光谱（AF）等分析方法。相比较其他检测技术，电感耦合等离子体质谱技术具有较快的分析速度、较低的检出限、能够同时测定多种矿质元素等优点。由于该技术在近些年的快速发展，在酒类、谷物、蔬菜等食品和农产品领域已经得到广泛应用。蜂蜜中矿质元素含量较低但其种类多，利用 ICP-MS 研究蜂蜜的矿物元素含量特征与产地环境和蜂蜜品种的关系。结合化学计量学方法，可用于蜂蜜品种及产地溯源。

Maria 等（2008）利用电感耦合等离子体质谱法测定微量元素（Al、B、Cr、Mn 和 Ni），利用火焰原子吸收法测定主要元素（Ca、K、Mg、Na、Cu、Fe 和 Zn）。聚类分析结果发现，蜂蜜的植物源与它们的化学组成相关。油菜蜜比甘露蜜具有更低含量的 Mn、Al、Cu、K、Fe 和 Ni。Chudzinska（2010）等利用电感耦合等离子体质谱法测定来自波兰 16 个地区的三个不同品种蜂蜜（甘露蜜、荞麦蜜和油菜蜜）共 55 个样品的 15 种元素（Al、B、Ba、Ca、Cd、Cr、Cu、K、Mg、Mn、Na、Ni、Pb、Sr 和 Zn），通过聚类分析和判别分析进行数据分析。研究表明，线性判别分析对分类蜂蜜品种的识别率达 100%。Batista 等（2012）利用电感耦合等离子体质谱法分析 42 种化学元素包括 Al、Cu、Pb、Zn、Mn、Cd、Tl、Co 等。使用支持向量机（SVM）、多层感知器（MLP）和随机森林法（RF）三种化学计量学方法判别蜂蜜的植物源。

本章第二节利用电感耦合等离子体质谱技术对我国不同品种的蜂蜜样品中的 20 种矿物元素进行测定，明确了利用 ICP-MS 技术对我国蜂蜜进行品种鉴别的可行性。

第二节　电感耦合等离子体质谱法测定蜂蜜中多种矿质元素的含量

一、实验原理

分析试样（溶液）由雾化器雾化成雾状，然后再引导至高频等离子体火焰中去，被激发后发光，由试样发出的光进入分光器，分光成光谱，从中得出所分析元素的光谱线。对于流体和半流体食品可采用直接浓缩法，也可以用湿法消化或灰化处理后酸浸而制成样液；对于固体食品，需首先将其粉碎成较小的颗粒或粉末，然后再制备成样液。常用的样品制备方法有：干法灰化法、微波消解法、干法消解法、湿法消解法和直接溶解法。

二、实验材料与主要仪器设备

（一）实验材料

蜂蜜样品同第六章第二节实验材料部分。

（二）主要试剂和仪器设备

优级纯硝酸（HNO_3）；1μg/L 调谐液（Ce、Co、Li、Y、Mg 和 Ti）；多元素标准储备液：1000mg/L（Fe、K、Ca、Na 和 Mg），100mg/L（Sr），10mg/L（Be、Al、V、Cr、Mn、Co、Cu、Zn、As、Se、Ag、Cd、Sb、Ba、Pb、Th 和 U）；内标液（Er）（1mg/L）；Milli-Q 型纯水器；7500 cx 型电感耦合等离子质谱仪；载气和辅助气体是纯度不低于 99.99%的高纯氩气；电热板消化炉；实验所用的容量瓶、消化管、进样管先用超纯水洗涤干净，利用 50%硝酸浸泡 24h，超纯水冲洗三次去除瓶壁残留的酸液，最后用超纯水浸泡 3h，再用超纯水清洗两次，烘干备用。

（三）仪器条件

通过对矩管位置、载气流速等参数进行仪器条件优化，使仪器灵敏度、分辨率等各项指标达到测定要求：射频发生器 1500W，载气氩气流速 0.93L/min，补充气氩气流速 0.16L/min，采样深度 7.9mm，雾化室温度 2℃，矩管水平位置 0.5mm，矩管垂直位置－0.7mm，蠕动泵流速 0.1r/s，碰撞反应氦气流量 4.0mL/min，冷却气氩气流速 15L/min，蠕动泵 0.3r/s。

三次重复测定，外标法进行定量。以 Er 作为内标，当内标元素的 RSD 大于 5%时，须重新调整仪器参数，再次进行样品测定。

三、样品处理与分析

称取约 1.0g 样品，置于 50mL 的消化管中，加入 10mL 优级纯硝酸，每个样品做 3 个平行，静置过夜进行预消化。按照消解温度程序 70℃ 10min，120℃ 20min，180℃ 30min，200℃ 40min 进行升温消解。程序升温达到 180℃后需要不停观察，赶酸至 1mL 左右，取出消化管，经室温冷却后用超纯水多次冲洗消化管，合并洗涤溶液至 25mL 容量瓶，并用水定容，摇匀，备用。样液用 0.45μm 滤膜过滤至经过硝酸浸泡清洗的离心管内，待上机测定。同时，配备试剂空白溶液 3 份（仅不称取蜂蜜样品，其他步骤与蜂蜜样品湿法消解过程完全一致）。在该批样品测定结果中扣除空白处理的测定值，以避免接触材料和消化过程中的污染影响最终的测定结果。

四、数据处理与分析

（一）方法检出限及回收率

表 7.2 表示不同蜂蜜品种中 20 种矿质元素中各个元素的空白值、检出限及回收率。其中，蜂蜜中的 20 种元素方法的测定是由样品的空白值、检出限及回收率所确定。为检验方法的准确度，对样品进行加标回收实验，各个元素的加标量如表所示，每个样品做 3 个平行实验。实验数据表明，回收率为 90.2%～109.9%，平均回收率良好，能满足测定要求。

表 7.2 各个元素的空白值、检出限及回收率

元素	空白值	检出限	加标量	样品量（mean±SD）	测得量（mean±SD）	回收率/%
Na/（mg/kg）	0.18	0.048	50	35.01±0.85	83.55±0.23	97.08
Mg/（mg/kg）	0.27	0.0055	5	13.26±1.27	18.28±2.01	100.4
K/（mg/kg）	0.98	0.23	500	515.4±0.27	1027.32±0.89	102.38
Ca/（mg/kg）	0.38	0.12	50	21.11±0.5	75.05±0.7	107.88
Fe/（mg/kg）	0.15	0.0032	0.5	2.04±1.26	2.53±1.81	98
Cr/（μg/kg）	0.35	0.12	50	21.35±1.91	74.12±2.08	105.54
Mn/（μg/kg）	0.53	0.23	50	195.31±0.36	241.95±0.57	93.28
Co/（ug/kg）	0.038	0.012	5	6.03±0.41	10.82±0.1	95.8
Ni/（μg/kg）	0.88	0.43	5	19.86±0.37	24.37±1.31	90.2
Cu/（μg/kg）	0.75	0.46	50	115.24±1.82	160.59±2.44	90.7
As/（μg/kg）	0.063	0.025	5	8.85±0.29	13.46±0.21	92.2

续表

元素	空白值	检出限	加标量	样品量（mean±SD）	测得量（mean±SD）	回收率/%
Se/（μg/kg）	0.069	0.028	5	2.39±1.45	7.35±0.41	99.2
Sr/（μg/kg）	0.47	0.35	50	825.86±1.91	874.09±0.36	96.46
Mo/（μg/kg）	0.39	0.26	5	12.25±1.02	17.63±0.81	107.6
Ag/（μg/kg）	0.055	0.014	0.5	0.15±0.12	0.69±0.14	108
Cd/（μg/kg）	0.042	0.037	0.5	0.68±0.96	1.15±1.77	94
Ba/（μg/kg）	0.48	0.25	50	131.85±1.31	186.8±1.77	109.9
Tl/（μg/kg）	0.019	0.011	0.5	1.35±1.65	1.83±0.31	96
Th/（μg/kg）	0.025	0.016	0.5	0.83±1.32	1.35±0.37	104
U/（μg/kg）	0.031	0.015	0.5	1.45±1.21	1.99±1.45	108

（二）样品测定

表 7.3 统计了椴树蜜、葵花蜜、苕子蜜、油菜蜜、洋槐蜜和枣花蜜的矿质元素的平均值及其标准偏差。在该研究中，K、Na、Ca、Mg 和 Fe 是大量元素，其平均值超过 1mg/kg。这些蜂蜜品种中大量元素平均值的高低为 K＞Na＞Ca＞Mg＞Fe。Mn、Cu、Sr 和 Ba 的含量在 0.1～1mg/kg，而其他痕量元素低于 100μg/kg。然而，文献报道数据可能呈现不同的结果，许多研究指出不同品种的蜂蜜受到其化学成分的影响。而且，不同的前处理方法（如微波消解法、干法消化法和湿法消化法）和不同的分析技术可能会影响结果。

钾元素含量在蜂蜜中与前人的研究具有一致性，均为含量最高的元素。在这些蜂蜜中，枣花蜜的钾元素含量最高，然后为椴树蜜、葵花蜜、洋槐蜜、油菜蜜和苕子蜜。其次是钠元素。钠元素含量高低为枣花蜜＞葵花蜜≈椴树蜜＞油菜蜜＞苕子蜜≈洋槐蜜。在 6 个蜂蜜品种中，钙元素在这些矿质元素中是含量第三的元素。其含量高低为枣花蜜＞油菜蜜≈葵花蜜＞洋槐蜜＞苕子蜜＞椴树蜜。镁元素在这些矿质元素中是含量第四的元素，其含量高低为枣花蜜＞葵花蜜＞油菜蜜＞椴树蜜＞洋槐蜜＞苕子蜜。铁元素在这些矿质元素中是含量第五的元素，其含量高低为枣花蜜＞苕子蜜＞油菜蜜＞洋槐蜜＞椴树蜜＞葵花蜜。

K、Na、Ca、Mg 和 Fe 在枣花蜜的含量均最高。研究表明，蜂蜜中的矿质元素含量与其颜色有关，特别是与常量元素的含量有关。即颜色较深蜂蜜的矿质元素的含量比颜色较浅蜂蜜的矿质元素含量高，因此，枣花蜜是这 6 种蜂蜜中颜色最深的。

表 7.3 不同蜂蜜品种的各个矿质元素的含量

元素	全部	椴树蜜	葵花蜜	苕子蜜	油菜蜜	洋槐蜜	枣花蜜
	平均值±标准偏差	平均值±标准偏差	平均值±标准偏差	平均值±标准偏差	平均值±标准偏差	平均值±标准偏差	平均值±标准偏差
Na/（mg/kg）	49.65±40.16	64.26±26.83	67.01±20.88	21.06±13.43	33.04±14.18	16.03±11.77	127.72±11.73
Mg/（mg/kg）	13.69±7.91	13.03±4.19	17.76±5.07	7.13±3.67	14.85±3.26	8.8±5.48	28±8.75
K/（mg/kg）	764.39±777.52	1589.99±534.11	642.7±328.8	137.18±45.93	162.76±65.17	200.97±48.52	1916.42±375.62
Ca/（mg/kg）	21.68±21.57	5.25±3.93	29.86±21.66	8.73±7.55	30.74±19.48	19.02±20.67	50.59±15.14
Fe/（mg/kg）	2.56±6.69	1.95±3.58	1.49±0.88	3.29±4.83	2.63±2.23	2.25±0.54	3.30±0.84
Cr/（μg/kg）	19.54±14.61	22.32±9	17.32±12.2	20.26±10.51	14.27±21.99	19.92±17.69	21.28±7.13
Mn/（μg/kg）	411.68±392.01	923.94±493.16	202.82±67.87	109.66±62.13	339.95±124.77	186.76±124.18	534±118.64
Co/（μg/kg）	2.94±5.87	1.06±1.4	2.48±4.83	2.73±1.15	2.78±3.94	5.35±9.88	1.78±0.72
Ni/（μg/kg）	47.18±268.11	21.4±25.68	23.82±10.39	32.74±18.17	41.55±44.19	102.02±508.27	13.18±3.81
Cu/（μg/kg）	142.19±119.14	88.91±33.01	274.1±90.7	65.12±16.45	120.64±154.62	92.5±63.54	326.66±40.39
As/（μg/kg）	16.49±132.77	2.82±4.83	6.14±6.71	5.14±1.81	10.03±8.87	45.21±252.24	4.97±1.76
Se/（μg/kg）	2.61±1.94	2.64±1.95	2.48±1.62	3.77±1.16	2.82±2.49	2.31±2.02	2±1.48
Sr/（μg/kg）	643.75±1089.63	347.3±162.7	914.17±550.21	32.17±24.34	120.78±93.52	94.84±61.84	3307.39±639.09
Mo/（μg/kg）	9.9±9.63	13.86±12.3	10.05±9.09	1.13±0.87	11.7±9.62	10.83±9.06	6.58±2.04
Ag/（μg/kg）	0.22±0.89	0.18±0.28	0.12±0.12	0.17±0.15	0.14±0.14	0.39±1.66	0.14±0.03
Cd/（μg/kg）	0.47±0.6	0.18±0.2	0.49±0.71	0.5±0.45	0.67±0.5	0.58±0.89	0.45±0.1
Ba/（μg/kg）	134.28±142.38	245.72±199.59	100.67±58.3	34.1±21.45	75.58±77.15	63.88±70.99	279.76±42.7
Tl/（μg/kg）	6.08±40.56	22.44±84.28	0.05±0.07	0.43±1.52	4.57±3.37	1±3.46	0.31±0.07
Th/（μg/kg）	0.6±1.47	0.04±0.11	0.45±0.33	0.01±0.02	0.92±1.09	1.34±2.49	0.26±0.07
U/（μg/kg）	1.19±1.36	0.3±0.67	1.48±1.09	0.19±0.12	1.23±1.02	2.06±1.84	1.49±0.46

所有蜂蜜样品中，痕量元素的含量都低于 1mg/kg。特别是重金属元素如 As 和 Cd 含量特别低，说明中国蜂蜜样品的品质较好。在这 6 个蜜种中椴树蜜的 Cr、Mo 和 Ti 的含量最高，Se 在苕子蜜的含量中最高，Cd 在油菜蜜的含量中最高，在洋槐蜜含量最高的矿质元素为 Co、Ni、As、Ag、Th 和 U。

五、结果与讨论

本实验利用电感耦合等离子体质谱法分别测定椴树蜜、葵花蜜、苕子蜜、油菜蜜、枣花蜜、洋槐蜜中的 Na、Mg、K、Ca 和 Fe 等 20 种矿质元素含量。测定方法检出限及回收率均满足实验要求，其回收率在 90.2%～109.9%。K、Na、Ca、Mg 和 Fe 是含量较高的元素，其含量高低为 K＞Na＞Ca＞Mg＞Fe。Mn、Cu、Sr 和 Ba 的含量在 0.1～1mg/kg，而其他痕量元素（如 As 和 Cd）低于 100μg/kg。椴树蜜中 Cr、Mo 和 Ti 的含量最高，苕子蜜中 Se 的含量最高，油菜蜜中 Cd 的含量最高，洋槐蜜中 Co、Ni、As、Ag、Th 和 U 含量最高。

蜂蜜中矿质元素与其颜色有关，特别是与常量元素含量有关。深色蜂蜜矿质元素含量比浅色蜂蜜高。其中，枣花蜜在 6 个蜂蜜品种中颜色最深。

第三节　碳氢氧稳定同位素与矿物元素相结合鉴别蜂蜜品种

稳定同位素与矿物元素组合对蜂蜜品种的鉴别在文献中报道较少。本研究分别在稳定同位素和矿物元素鉴别蜂蜜品种可行性基础上，将利用化学计量学比较稳定同位素、矿物元素及两种技术相结合建立的模型，比较三种方法对蜂蜜品种的判别结果，旨在探寻蜂蜜品种更为有效的鉴别方法。

一、实验材料与主要仪器设备

（一）实验材料

表 7.4 表示不同蜂蜜品种的样品区域及特点。如表 7.4 所示，本实验的 126 个蜂蜜样品均直接来源于不同地区蜂场，包括椴树蜜、葵花蜜、苕子蜜、油菜蜜、洋槐蜜和枣花蜜；其中椴树蜜 22 个、葵花蜜 18 个、苕子蜜 20 个、油菜蜜 26 个、洋槐蜜 18 个、枣花蜜 22 个。采样时间为 2013 年 3～9 月。为了避免蜜蜂种类的影响，这些蜂蜜均由意蜂进行采集。

表 7.4 不同蜂蜜品种的样品区域及特点

蜂蜜的品种	地源	特点	个数
椴树蜜	东北地区	浅黄剔透，白色结晶	22
葵花蜜	内蒙古地区	金黄色，无结晶	18
苕子蜜	云南地区	浅琥珀色，白色结晶	20
油菜蜜	东北地区，云南地区	白色，白色结晶	26
洋槐蜜	东北地区	浅白色，无结晶	18
枣花蜜	东北地区	琥珀色，无结晶	22

（二）主要仪器设备

参照第六章和第七章的第一节。

二、样品处理与分析

参照第六章和第七章的第一节。

三、数据处理与分析

（一）数据处理

分析软件采用 Matlab 7.9 版本进行主成分分析和 SPSS 17.0 版本进行线性判别分析。主成分分析（PCA）是在尽量减少有效数据信息减少的情况下进行一个数据集的减维压缩，以最大限度地保留原始变量。主成分能够解释数据集的变量。

线性判别分析（LDA）是一种在监督模式下的化学计量学方法，是对各个已知的样品中多种变量观测值建立线性判别函数，然后以判定线性判别函数对具体研究对象和未知样品进行判别的一种多元统计的化学计量学方法。

为了能够验证模型的稳定性和预测能力，常采用留一交叉验证法判别分析。如果原始数据有 N 个样本，在建立模型过程中，每个样本单独作为验证集，其余的 $N-1$ 个样本作为训练集，得到 N 个模型，用这 N 个模型最终的验证集的分类准确率的平均数作为性能指标。

（二）基于不同蜂蜜品种中稳定同位素与矿质元素相组合的主成分分析

对椴树蜜、葵花蜜、苕子蜜、油菜蜜、洋槐蜜、枣花蜜 6 个品种进行主成分分析。如图 7.2 所示，利用第一主成分和第二主成分的标准化得分做散点图可见，蜂蜜品种中椴树蜜、葵花蜜和苕子蜜三个品种的重叠程度较低，能够被明显地区分；油菜蜜、洋槐蜜、枣花蜜三个品种重叠程度较高，不能被明显区分。其中，椴树蜜的第一主成分均为正值，第二主成分有正值和负值；葵花蜜的第一主成分有正值和负值，第二主成分均为正值；苕子蜜的第一主成分与第二主成分有正值和负值；油菜蜜的第一主成分均为正值，第二主成分有正值和负值；洋槐蜜的第一主成分和第二主成分均有正值与负值；枣花蜜的第一主成分和第二主成分均有正值与负值。同时，第一主成分中的 K、Ca、Cu、Sr 和 Ba 的载荷系数较高（图 7.3），所以第一主成分综合了这 5 个指标的信息；第二主成分中的$\delta^{13}C_h$、δ^2H、$\delta^{18}O$ 和 Mn 的载荷系数较高（图 7.4），所以第二主成分综合了这 4 个指标的信息。因此，$\delta^{13}C_h$、δ^2H、$\delta^{18}O$、K、Ca、Cu、Sr 和 Ba 是蜂蜜品种分类的特征元素。为进一步对蜂蜜品种进行归类，采用线性判别分析对蜂蜜品种进行分类鉴别。

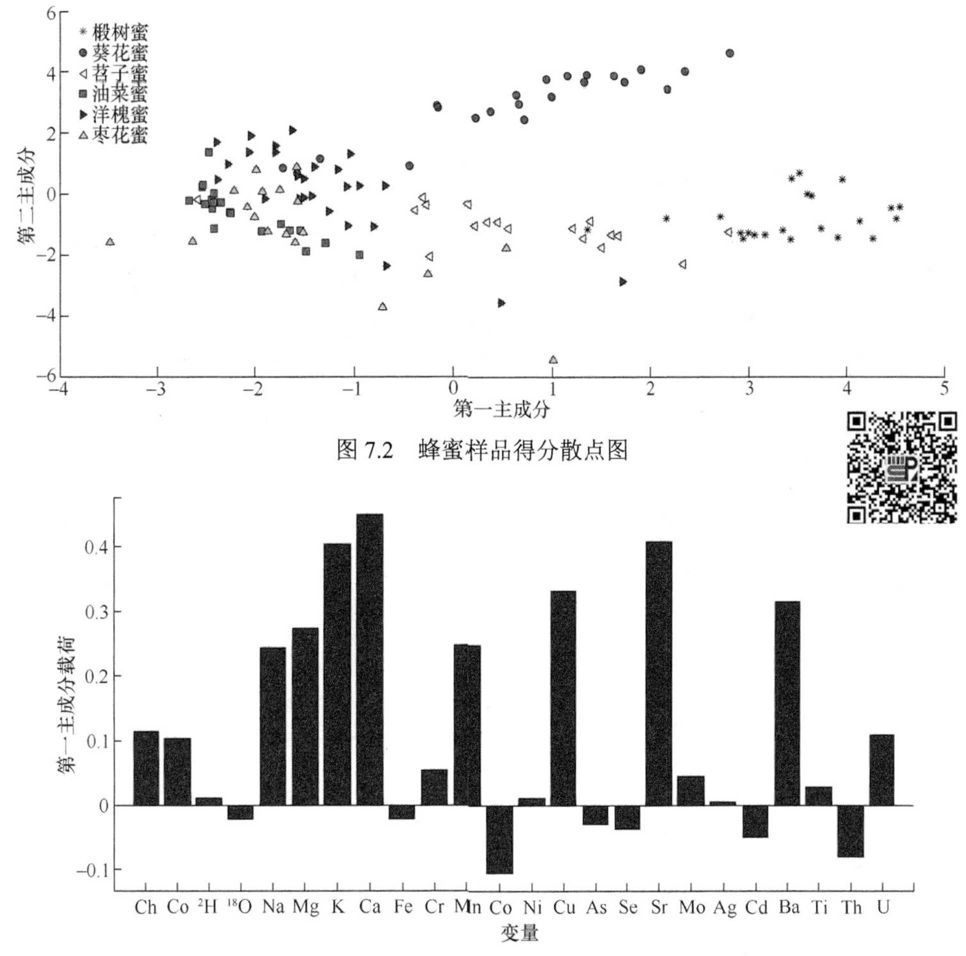

图 7.2　蜂蜜样品得分散点图

图 7.3　第一主成分的载荷因子

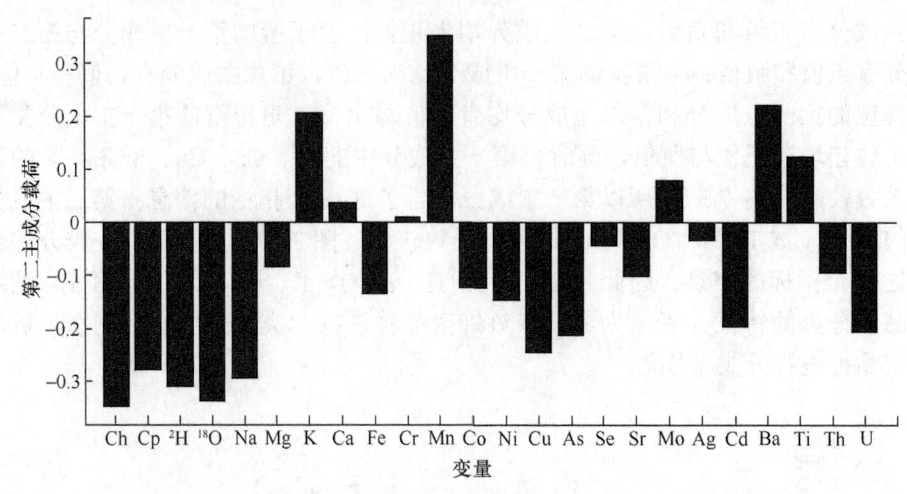

图 7.4 第二主成分的载荷因子

（三）基于不同蜂蜜品种中稳定同位素的线性判别分析

应用线性判别分析对蜂蜜中 $\delta^{13}C_h$、$\delta^{13}C_p$、$\delta^{2}H$ 和 $\delta^{18}O$ 的含量进行蜂蜜品种的归类。表 7.5 反映了应用线性判别分析后稳定同位素的判别分析的分类结果。

表 7.5 稳定同位素的判别分析的分类结果

		品种	预测组成员					
			椴树蜜	葵花蜜	苕子蜜	油菜蜜	洋槐蜜	枣花蜜
回代检验	计数	椴树蜜	20	0	0	0	1	1
		葵花蜜	0	14	2	0	0	2
		苕子蜜	1	7	4	0	2	6
		油菜蜜	0	0	1	23	0	2
		洋槐蜜	0	0	2	0	15	1
		枣花蜜	4	0	1	0	0	17
交叉验证	计数	椴树蜜	20	0	0	0	1	1
		葵花蜜	0	14	2	0	0	2
		苕子蜜	1	7	4	0	2	6
		油菜蜜	0	0	1	23	0	2
		洋槐蜜	0	0	2	0	15	1
		枣花蜜	5	0	3	0	0	14

回代检验中，椴树蜜有 1 个被误判为洋槐蜜，1 个被误判为枣花蜜；葵花蜜有 2 个被误判为苕子蜜，2 个被误判为枣花蜜；苕子蜜有 1 个被误判为椴树蜜，7

个被误判为葵花蜜，2 个被误判为洋槐蜜，6 个被误判为枣花蜜；油菜蜜有 1 个被误判为苕子蜜，2 个被误判为枣花蜜；洋槐蜜中有 2 个被误判为苕子蜜，1 个被误判为枣花蜜；枣花蜜有 4 个被误判为椴树蜜，1 个被误判为苕子蜜。

在交叉验证判别中，椴树蜜有 1 个被误判为洋槐蜜，1 个被误判为枣花蜜；葵花蜜有 2 个被误判为苕子蜜，2 个被误判为枣花蜜；苕子蜜有 1 个被误判为椴树蜜，7 个被误判为葵花蜜，2 个被误判为洋槐蜜，6 个被误判为枣花蜜；油菜蜜有 1 个被误判为苕子蜜，2 个被误判为枣花蜜；洋槐蜜有 2 个被误判为苕子蜜，1 个被误判为枣花蜜；枣花蜜有 5 个被误判为椴树蜜，3 个被误判为苕子蜜。

（四）基于不同蜂蜜品种中矿物元素的线性判别分析

应用线性判别分析对蜂蜜中 Na、Mg、K、Ca、Fe、Cr、Mn、Co、Ni、Cu、As、Sc、Sr、Mo、Ag、Cd、Ba、Ti、Th 和 U 的含量来进行蜂蜜品种的归类。表 7.6 反映了利用线性判别分析后矿质元素的判别分析的分类结果。

表 7.6　矿质元素判别分析的分类结果

		品种	预测组成员					
			椴树蜜	葵花蜜	苕子蜜	油菜蜜	洋槐蜜	枣花蜜
回代检验	计数	椴树蜜	19	0	3	0	0	0
		葵花蜜	0	16	0	0	2	0
		苕子蜜	0	0	20	0	0	0
		油菜蜜	0	0	1	21	4	0
		洋槐蜜	0	0	1	3	14	0
		枣花蜜	0	0	0	0	0	22
交叉验证	计数	椴树蜜	19	0	3	0	0	0
		葵花蜜	0	16	0	0	2	0
		苕子蜜	0	0	20	0	0	0
		油菜蜜	0	1	2	17	6	0
		洋槐蜜	0	0	2	7	9	0
		枣花蜜	0	1	0	0	0	21

在回代检验中，椴树蜜有 3 个被误判为苕子蜜；葵花蜜有 2 个被误判为洋槐蜜；苕子蜜没有误判；油菜蜜有 1 个被误判为苕子蜜，4 个被误判为洋槐蜜；洋槐蜜有 1 个被误判为苕子蜜，3 个被误判为油菜蜜。

在交叉验证判别中，椴树蜜有 3 个被误判为苕子蜜；葵花蜜有 2 个被误判为洋槐蜜；苕子蜜中没有误判；油菜蜜有 1 个被误判为葵花蜜，2 个被误判为苕子蜜，6个被误判为洋槐蜜；洋槐蜜有2个被误判为苕子蜜，7个被误判为油菜蜜；枣花蜜有1个被误判为葵花蜜。

（五）基于不同蜂蜜品种中同位素与矿物元素相结合的线性判别分析

应用线性判别分析对蜂蜜中$\delta^{13}C_h$、$\delta^{13}C_p$、$\delta^{2}H$、$\delta^{18}O$、Na、Mg、K、Ca、Fe、Cr、Mn、Co、Ni、Cu、As、Se、Sr、Mo、Ag、Cd、Ba、Ti、Th和U的含量来进行蜂蜜品种的归类。表7.7反映了线性判别分析对矿质元素和稳定同位素组合的判别分析的分类结果。

表7.7 矿质元素和稳定同位素组合判别分析的分类结果

		品种	预测组成员					
			椴树蜜	葵花蜜	苕子蜜	油菜蜜	洋槐蜜	枣花蜜
回代检验	计数	椴树蜜	21	0	1	0	0	0
		葵花蜜	0	17	1	0	0	0
		苕子蜜	0	0	20	0	0	0
		油菜蜜	0	0	1	25	0	0
		洋槐蜜	0	0	0	0	18	0
		枣花蜜	0	0	0	0	0	22
交叉验证	计数	椴树蜜	19	0	3	0	0	0
		葵花蜜	0	16	1	0	1	0
		苕子蜜	0	0	19	1	0	0
		油菜蜜	0	1	3	22	0	0
		洋槐蜜	0	0	3	1	14	0
		枣花蜜	0	0	1	0	0	21

在回代检验中，椴树蜜有1个被误判为苕子蜜；葵花蜜有1个被误判为苕子蜜；苕子蜜中没有误判；油菜蜜中1个被误判为苕子蜜；洋槐蜜中没有误判，同样的，枣花蜜中也没有误判。

在交叉验证判别中，椴树蜜有3个被误判为苕子蜜；葵花蜜有1个被误判为苕子蜜，1个被误判为洋槐蜜；苕子蜜有1个被误判为油菜蜜；油菜蜜有1个被误判为葵花蜜，3个被误判为苕子蜜；洋槐蜜有3个被误判为苕子蜜，1个被误判为油菜蜜；枣花蜜有1个被误判为苕子蜜。

（六）基于三种不同方法蜂蜜品种判别率的比较

表7.8显示了不同蜂蜜品种分别在同位素技术、矿质元素技术及同位素技术和矿质元素技术的组合下的回代检验率和交叉验证判别率。

表 7.8 三种不同方法蜂蜜品种判别率

	预测组成员						总体判别率/%
	椴树蜜	葵花蜜	苕子蜜	油菜蜜	洋槐蜜	枣花蜜	
单一同位素技术							
回代检验率/%	90.9	77.8	20	88.5	83.3	77.3	73.8
交叉验证判别率/%	90.9	77.8	20	88.5	83.3	63.6	71.4
单一矿质元素技术							
回代检验率/%	86.4	88.9	100	80.8	77.8	100	88.9
交叉验证判别率/%	86.4	88.9	100	65.4	50	95.5	81
同位素和矿质元素组合							
回代检验率/%	95.5	94，4	100	96.2	100	100	97.6
交叉验证判别率/%	86.4	88.9	95.5	84.6	77.8	95.5	88.1

利用稳定同位素技术，6 个品种的蜂蜜总体回代检验率为 73.8%，其中椴树蜜的回代检验率为 90.9%，葵花蜜为 77.8%，苕子蜜为 20%，油菜蜜为 88.5%，洋槐蜜为 83.3%，枣花蜜为 77.3%；6 个品种的蜂蜜单一同位素技术的总体交叉验证判别率为 71.4%，其中椴树蜜的交叉验证判别率为 90.9%，葵花蜜为 77.8%，苕子蜜为 20%，油菜蜜为 88.5%，洋槐蜜为 83.3%，枣花蜜为 63.6%。

利用矿物元素技术，6 个品种的蜂蜜总体回代检验判别率为 88.9%，其中椴树蜜的回代检验率为 86.4%，葵花蜜为 88.9%，苕子蜜为 100%，油菜蜜为 80.8%，洋槐蜜为 77.8%，枣花蜜为 100%；6 个品种的蜂蜜单一矿质元素技术的总体交叉验证判别率为 81%；其中椴树蜜的交叉验证判别率为 86.4%，葵花蜜为 88.9%，苕子蜜为 100%，油菜蜜为 65.4%，洋槐蜜为 50%，枣花蜜为 95.5%。

6 个蜂蜜品种的同位素与矿质元素相结合技术对蜂蜜品种的总体回代检验判别率为 97.6%，其中椴树蜜的回代检验率为 95.5%，葵花蜜为 94.4%，苕子蜜为 100%，油菜蜜为 96.2%，洋槐蜜为 100%，枣花蜜为 100%；同位素与矿质元素相结合技术对蜂蜜品种总体交叉验证判别率为 88.1%，其中椴树蜜的交叉验证判别率为 86.4%，葵花蜜为 88.9%，苕子蜜为 95.5%，油菜蜜为 84.6%，洋槐蜜为 77.8%，枣花蜜为 95.5%；这两种技术的组合弥补了线性判别分析在同位素的应用中对苕子蜜在回代检验率和交叉验证判别率中判别率过低的效果和在矿质元素的应用中对洋槐蜜在交叉验证判别率过低的效果的不足。

因此，与单一用同位素技术和单一使用矿质元素技术相比，两种技术相结合对蜂蜜品种的分类的回代检验率和交叉验证判别率均为最高，误判率最低，说明两种技术结合对蜂蜜品种的鉴别效果是最好的，故可以利用同位素技术和矿质元素技术相结合来进行蜂蜜品种的鉴别。

四、结果与讨论

本章对椴树蜜、葵花蜜、苕子蜜、油菜蜜、洋槐蜜和枣花蜜6个品种中稳定同位素和矿质元素进行主成分分析。椴树蜜、葵花蜜和苕子蜜3个品种比较分散，能够明显区分；油菜蜜、洋槐蜜和枣花蜜3个品种比较集中，不能明显区分。第一主成分中K、Ca、Cu、Sr和Ba的载荷系数较高，所以第一主成分综合了这5个指标的信息；第二主成分中$^{13}C_h$、^{2}H、^{18}O和Mn的载荷系数较高，所以第二主成分综合了这4个指标的信息。分析结果可得，$^{13}C_h$、^{2}H、^{18}O、K、Ca、Cu、Sr和Ba是鉴别蜂蜜品种的特征元素。

应用线性判别分析对蜂蜜中$\delta^{13}C_h$、$\delta^{2}H$、$\delta^{18}O$、Na、Mg、K、Ca、Fe、Cr、Mn、Co、Ni、Cu、As、Se、Sr、Mo、Ag、Cd、Ba、Ti、Th和U进行蜂蜜品种的鉴别。利用稳定同位素技术，交叉验证总体判别率为71.4%。利用矿质元素技术，交叉验证判别率为81%；利用同位素与矿质元素相结合方法，蜂蜜品种的交叉验证判别率为88.1%。

两种技术相结合其回代检验率和交叉验证判别率最高，表明矿质元素技术结合同位素技术对蜂蜜品种的分类效果显著。因此，该技术能成功地应用于蜂蜜的品种分类。

主要参考文献

马楠，鹿保鑫，刘雪娇，等. 2016. 矿物元素指纹图谱技术及其在农产品产地溯源中的应用 [J]. 现代农业科技，(9)：296-298.
毛宁，张丽艳，张凤梅，等. 2010. 离子交换树脂分离纯化虫草素的工艺条件研究 [J]. 药物生物技术，17 (5)：400-403.
聂西度. 2013. 碰撞/反应池-电感耦合等离子体质谱在食品分析中的研究 [D]. 长沙：中南大学博士学位论文.
钱丽丽，李平惠，杨义杰，等. 2015. 不同产地芸豆中矿物元素的因子分析与聚类分析 [J]. 食品科学，36 (14)：102-106.
王强，薛晓锋，赵静. 2013. 质谱检测技术在蜂蜜溯源分析中的应用 [J]. 中国农业科技导报，15 (4)：42-47.
王勇. 2014. 蜂胶植物源和产地识别技术研究 [D]. 北京：中国农业科学院硕士学位论文.
吴雪莲，王文华. 2009. 电感耦合等离子发射光谱法在食品分析中的应用 [J]. 现代仪器，6：15-18.
吴招斌，陈芳，陈兰珍，等. 2015. 基于电感耦合等离子体质谱法和化学计量学鉴别蜂蜜品种研究 [J]. 光谱学与光谱分析，1：217-222.
余碧钰，程玉龙，王正霖，等. 1999. 等离子发射光谱同时测定鸡蛋中的矿物营养素 [J]. 中国家禽，21 (19)：13-14.
袁玉伟，胡桂仙，邵圣枝，等. 2013. 茶叶产地溯源与鉴别检测技术研究进展 [J]. 核农学报，27 (4)：452-457.
张晶，李雪影，徐辉，等. 2014. 电感耦合等离子体在食品分析检测中的应用 [J]. 包装与食品机械，5：62-66.
赵苓，姚静. 2014. 基于图像分析的多参数物料检测系统研究 [J]. 机电工程，31 (3)：295-300.
Ankalm E. 1998. A review of the analytical methods to determinethe geographical and botanical origin of honey [J]. Food Chemistry, 63(4): 549-562.
Arvanitoyannis L, Chalhoub C, Gotsiou P, et al. 2005. Novel quality control methods in conjunction with chemometrics (multivariate analysis) for detecting honey authenticity [J]. Critical Reviews in Food Science & Nutfition, 45(3): 193-203.
Baroni M V, Arrua C, Nores M L, et al. 2009. Composition of honey from Cordoba (Argentina): Assessment of

North/South provenance by chemometrics [J]. Food Chemistry, 114(2): 727-733.

Bilandžiš N, Gačiš M, Đokiš M, et al. 2014. Major and trace elements levels in multifloral and unifloral honeys in Croatia [J]. Journal of Food Composition and Analysis, 33(2): 132-138.

Chen H, Fan C, Chang Q, et al. 2014. Chemometric determination of the botanical origin for Chinese honeys on the basis of mineral elements determined by ICP-MS [J]. Journal of Agricultural and Food Chemistry, 62(11): 2443-2448.

Chudzinska M, Baralkiewicz D. 2010. Estimation of honey authenticity by multielements characteristics using inductively coupled plasma-mass spectrometry (ICP-MS) combined with chemometrics [J]. Food & Chemical Toxicology An International Journal Published for the British Industrial Biological Research Association, 48(1): 284-290.

Chudzinska M, Baralkiewicz D. 2011. Application of ICP-MS method of determination of 15 elements in honey with chemometric approach for the verification of their authenticity [J]. Food & Chemical Toxicology: An International Journal Published for the British Industrial Biological Research Association, 49(11): 2741-2749.

Date A R, Gray A L. 1990. Applications of Inductively Coupled Plasma Mass Spectrometry [J]. Spectrochimica Acta Part B Atomic Spectroscopy, 370(5): 479-482.

Franke B M, Gremaud G, Hadorn R, et a1. 2005. Geographic origin of meat-elements of an analytical approach to its authentication [J]. European Food Research & Technology, 221(3): 493-503.

Heaton K, Kelly S D, Hoogewerff J, et al. 2008. Verifying the geographical origin of beef: The application of multi-element isotope and tracedement analysi [J]. Food Chemistry, 107(1): 506-515.

Liu X F, Xue C H, Wang Y M, et al. 2012. Theclassification of sea cucumber (*Apostichopus japonicus*) according toregion of origin using multi-element analysis and pattern recognitiontechniques [J]. Food Control, 23(2): 522-527.

Madejczyk M, Baralkiewicz D. 2008. Characterization of Polish rapeand honeydew honey according to their mineral contents usingICP-MS and F-AAS/AES [J]. Analytica Chimica Acta, 617(1-2): 11-17.

Mariavittoria Z, Christophe R Q, Eduardo P, et al. 2011. Soil properties, strontium isotopic signatures and multi-element profiles to authenticate the origin of vegetables from small-scale regions: illustration with early potatoes from southern Italy [J]. Rapid Communications Mass Spectrometry, 25: 2721-2731.

Paul W, Raether M. 1995. Das elektrische Massenfilter [J]. Zeitschrift Für Physik A Hadrons & Nuclei, 140(3): 262-273.

Paulp C, Francoise S, Riette J E, et al. 2005. Multi-element analysis of South African wines by ICP–MS and their classification according to geographical origin [J]. Journal of Agricultural and Food Chemistry, 53(13): 5060-5066.

Pohl P. 2009. Determination of metal content in honey by atomic absorption and emission spectrumetries [J]. Trends in Analytical Chemistry, 28(1): 117-128.

Roberto G P, María A U, Miguel A C, et al. 2012. Analysis of trace elements in multifloral Argentine honeys and their classification according to provenance [J]. Food Chemistry, 134(1): 578-582.

Ruoff K, Luginbühl W, Künzli R, et al. 2006. Authentication of the Botanical and Geographical Origin of Honey by Mid-Infrared Spectroscopy [J]. Journal of Agricultural & Food Chemistry, 54(18): 6873-6880.

Tuzen M, Silici S, Mendil D, et al. 2007. Trace element levels in honeys from different regions of Turkey [J]. Food Chemistry, 103(2): 325-330.

作者简介

陈兰珍，1974年11月生，福建尤溪人。博士，研究员。1997年毕业于中国农业大学应用化学专业，获理学学士学位。2000年毕业于中国农业大学农药学专业，获硕士学位。同年分配至中国农业科学院蜜蜂研究所、农业部蜂产品质量监督检验测试中心（北京），从事蜂产品质量与安全研究工作至今。2010年获中国农业科学院农产品质量与食物安全博士学位。2009－2010年度获中国农业科学院“巾帼建功”标兵荣誉称号。近年来侧重于蜂产品溯源分析技术研究，先后主持承担国家级课题和国际合作课题等10余项；完成无公害、绿色蜂产品标准制修订3项；在国内外学术刊物上发表溯源方面的学术论文20余篇，其中以第一/通讯作者在 *Food Chemistry*、*Journal of Agricultural and Food Chemistry* 等SCI期刊上发表论文6篇；获授权国家发明专利4项，软件著作权2个。获奖4项，其中省部级科技进步奖二等奖1项。

出版《蜂蜜近红外光谱检测技术》专著1部；主编《蜂产品知识问答》1部；曾任《超高效液相色谱技术在食品和药品分析中的应用》《食品溯源分析技术和应用》《现代仪器在食品分析中的应用（下册）》《国内外蜂产品检测技术》《国内外蜂产品标准》和《国内外蜂产品法律法规》6部著作的副主编。